全国技工院校制冷设备运用与维修专业（中/高级技能层级）

空气调节与中央空调装置（第三版）习题册

朱彩兰　主编

中国劳动社会保障出版社

内容简介

本习题册是全国技工院校制冷设备运用与维修专业教材（中/高级技能层级）《空气调节与中央空调装置（第三版）》的配套用书。本习题册紧扣教学和技能鉴定要求，按照教材章节顺序编排，知识点分布均衡，题型丰富多样，难易配置适当，有助于学生复习巩固所学知识。

本习题册由朱彩兰担任主编，柯志华、李晶参加编写。

图书在版编目(CIP)数据

空气调节与中央空调装置（第三版）习题册 / 朱彩兰主编. -- 北京：中国劳动社会保障出版社，2019

全国技工院校制冷设备运用与维修专业. 中/高级技能层级

ISBN 978-7-5167-4002-6

Ⅰ.①空… Ⅱ.①朱… Ⅲ.①空气调节-中等专业学校-习题集②集中空气调节系统-中等专业学校-习题集 Ⅳ.①TU831-44②TB657.2-44

中国版本图书馆 CIP 数据核字(2019)第 098460 号

中国劳动社会保障出版社出版发行

（北京市惠新东街 1 号 邮政编码：100029）

*

北京鑫海金澳胶印有限公司印刷装订　　新华书店经销

787 毫米×1092 毫米　16 开本　5.25 印张　121 千字

2019 年 6 月第 1 版　　2025 年 1 月第 4 次印刷

定价：10.00 元

营销中心电话：400-606-6496

出版社网址：http://www.class.com.cn

http://jg.class.com.cn

目　录

第一章　空气调节基础

第一节　空 气 调 节

一、填空题（将正确答案填写在横线上）

1. 空气调节就是把经过一定处理之后的空气，以一定方式送入室内，使室内空气的_________、_________、_________、_________等参数控制在适当范围内的专门技术。空气调节简称__________。

2. 根据使用对象的不同，空调可分为___________和_________空调系统两大类。

3. 舒适性空调系统指以__________为服务对象，目的是创造一个舒适的工作或生活环境，以利于提高工作效率或维持良好的健康水平的空调系统。

4. 空调房间所要求的连续时间内温度、湿度等参数稳定在一定的数值上，这个数值称为___________。

5. __________是指空调房间的温度、湿度等参数在所要求的连续时间内允许波动的幅度。

二、判断题（正确的打“√”，错误的打“×”）

1. 空气调节的任务是进行“四度”即温度、湿度、气流速度和洁净度调节。（　　）

2. 一个 100 级的洁净室要求温度为（22.2±1.1)℃，则该洁净室空调温度基数为 22.2℃，空调精度为 1.1℃。（　　）

3. 精度在 1℃以下的空调系统，称为高精度空调系统，可以采用手动控制。（　　）

4. 民用建筑长期逗留区域空气调节室内夏季温度应保持在 24～28℃，冬季温度应保持在 18～22℃。（　　）

5. 民用建筑长期逗留区域空气调节室内夏季湿度应保持在 40％～70％，冬季湿度应保持在 30％～60％。（　　）

6. 民用建筑长期逗留区域空气调节室内夏季风速应小于 0.3 m/s，冬季风速应保持在 0.3 m/s。（　　）

三、选择题（将正确答案的代号填在括号内）

1. 空气调节的英文名是（　　）。

A. Air Conditioning　　B. Conditioner

C. fridge　　D. refrigerator

2. 被称为“空调之父”的是（　　），他对空调事业的进步和发展作出了突出的贡献。

A. 克勒谋　　B. 开利尔　　C. 卡诺　　D. 开尔文

3. 属于舒适性空调应用场合的是（　　）。

A. 纺织工业　　B. 印刷工业　　C. 制药工业　　D. 写字楼

4. 空气洁净度调节是指对空气中所含（　　）的大小和数量多少进行调节。

A. 氧气　　B. 二氧化碳　　C. 尘粒　　D. 灰尘

四、简答题

1. 简述空调系统的发展趋势。

2. 简述空气调节的任务及参数。

第二节 湿空气的组成和状态参数

一、填空题（将正确答案填写在横线上）

1. 自然界中的空气由________和__________两部分组成。

2. 湿空气的状态参数有________、________、________、__________、________等。

3. 27℃＝________ K＝ ________℉。

4. 大气压力＝__________＋________。

5. 压力常用的单位有________、________、__________等。

6. 单位质量的干空气中含有水蒸气的质量，称为湿空气的________，用符号________表示，单位是__________。

7. ________是热力学中表示物质某状态下所具有内能的总和的物理量。空气的比焓表示单位质量空气所含有的总热量，用符号________表示，单位是__________。

8. 在一定压力下，在水蒸气含量 d 不变的情况下，湿空气冷却到相对湿度 $\varphi=100\%$时所对应的温度，称为____________，用________表示。

9. 单位容积的湿空气所具有的质量称为________，用符号________表示。单位质量的湿空气所占有的容积称为__________，用符号____________表示。

二、判断题（正确的打“√”，错误的打“×”）

1. 机器露点温度就是空气的露点温度。 （　　）

2. 通常情况下，空气的干球温度 t_g≥湿球温度 t_s≥露点温度 t_1。 （　　）

3. 饱和空气是指在一定温度下水蒸气的含量达到最大值时的空气，此时所对应的温度为空气的饱和温度。 （　　）

4. 空气的密度与比体积互为倒数关系。 （　　）

5. 当空气的相对湿度达到100%时，采用高档加湿器可以加入水蒸气。 （　　）

三、选择题（将正确答案的代号填在括号内）

1. 空气的主要组成部分是（　　）。

A. 干空气　　B. 氮气　　C. 氧气　　D. 水蒸气

2. 在空调系统中，仪表显示的压力是空气的（　　）。

A. 绝对压力　　B. 真空压力　　C. 表压　　D. 水蒸气压力

3. 影响湿球温度的因素有（　　）。

A. 风速及测量条件　　B. 干球温度

C. 露点温度　　D. 大气压力

4. 下列措施中，（　　）可以防止冷水管在夏季出现“出汗”现象。

A. 做好防腐　　B. 做好保温　　C. 做好绝缘　　D. 做好防潮

5. 湿空气比焓的单位是（　　）。

A. kJ/kg　　B. kJ/s　　C. kW　　D. kg/m^3

四、简答题

1. 空气中的水蒸气从何而来？其含量情况如何？会对什么产生影响？

2. 什么是干空气？其基本性质是什么？

3. 饱和水蒸气分压与不饱和水蒸气分压有什么区别？它们是否受大气压力的影响？

4. 大气压力、干空气分压力和水蒸气分压力之间是什么关系？

第三节　空气的焓-湿图

一、填空题（将正确答案填写在横线上）

1. 等相对湿度线是一组________的曲线。每条线代表一相对湿度且每条线上点的相对湿度值都相等。其中 $\varphi=0$ 的曲线，说明此时空气的含湿量_______，即为图中的_______；$\varphi=100\%$的曲线，说明空气的含湿量达到__________。

2. 焓-湿图上有等焓线 h、____________________、____________________、____________________、____________________以及右下方的____________________。

3. 在焓-湿图上，由空气状态点作等 d 线与 $\varphi=100\%$线相交，所对应的温度就是__________。

4. 对空气等湿降温处理后温度下降，含湿量不变，焓值________，相对湿度________。

二、判断题（正确的打"√"，错误的打"×"）

1. 在焓-湿图上，等焓线与等湿线相交成 45°角。（　　）

2. 焓-湿图建立在直角坐标系上，纵坐标表示焓，横坐标表示含湿量，它们之间的夹角为 90°。（　　）

3. 在焓-湿图上，已知空气状态参数中的任意一个，即可确定空气的其他未知状态参数。（　　）

4. 在焓-湿图上可以确定空气的露点温度。（　　）

5. 在大气压力确定条件下，已知温度和水蒸气分压力，即可在焓-湿图上确定空气状态点。（　　）

6. 普通干湿球温度计测量的参数可以直接在焓-湿图上标出空气状态点。（　　）

7. 对空气进行减湿降温处理没有温度的限制。（　　）

8. 对空气进行减湿降温处理后，温度下降，含湿量不变，焓值上升，相对湿度下降。（　　）

9. 在一定条件下，对空气进行等温加湿处理后，含湿量上升，焓值上升，温度不变，相对湿度上升。（　　）

10. 在任何条件下，对空气进行等温加湿处理后，均使含湿量上升，焓值下降，温度不变，相对湿度上升。（　　）

三、选择题（将正确答案的代号填在括号内）

1. 在焓-湿图上，等（　　）线平行于纵坐标轴。

A. 温度　　B. 压力　　C. 含湿量　　D. 焓

2. 在焓-湿图上，沿空气状态点等含湿量线降温交 $\varphi=90\%$点的空气处理过程为（　　）过程。

A. 等焓降温　　B. 干式加热　　C. 干式冷却　　D. 加湿

3. 在焓-湿图上，沿空气状态点等含湿量线与 $\varphi=95\%$相交点的温度是（　　）。

A. 露点温度　　B. 湿球温度

C. 干球温度　　D. 机器露点温度

4. 已知大气压力，可在焓-湿图上确定的一组空气参数是（　　）。

A. d 和 p_c　　B. t 和 d　　C. t 和 ε　　D. h 和 ε

5. 已知大气压力，可在焓-湿图上确定空气状态点的一组参数是（　　）。

A. 焓和热湿比　　B. 温度和相对湿度

C. 水蒸气分压力和热湿比　　D. 水蒸气分压力和含湿量

6. 已知空气状态点，无法用焓-湿图查取的参数是（　　）。

A. 水蒸气分压力和湿球温度　　B. 湿球温度和露点温度

C. 热湿比和大气压力　　D. 焓和相对湿度

7. 可在焓-湿图上作图确定露点温度的方法是由空气状态点（　　）。

A. 作等 d 线与 $\varphi=95\%$线相交，所对应的温度就是露点温度

B. 作等 h 线与 $\varphi=95\%$线相交，所对应的温度就是露点温度

C. 作等 d 线与 $\varphi=100\%$线相交，所对应的温度就是露点温度

D. 作等 h 线与 $\varphi=100\%$线相交，所对应的温度就是露点温度

8. 对空气等湿冷却处理后，温度下降、（　　）。

A. 焓值不变、含湿量上升、相对湿度下降

B. 焓值下降、含湿量不变、相对湿度上升

C. 焓值下降、含湿量下降、相对湿度下降

D. 焓值上升、含湿量不变、相对湿度上升

9. 对空气进行等湿升温处理后，含湿量不变、焓值上升、（　　）。

A. 温度上升、相对湿度下降　　B. 温度不变、相对湿度上升

C. 温度下降、相对湿度下降　　D. 温度下降、相对湿度上升

10. 对空气进行等温加湿处理后，含湿量上升、（　　）。

A. 焓值不变、温度上升、相对湿度下降

B. 焓值不变、温度不变、相对湿度上升

C. 焓值上升、温度上升、相对湿度下降

D. 焓值上升、温度不变、相对湿度上升

11. 对空气进行等湿加热处理后，温度上升、（　　）。

A. 焓值下降、含湿量不变、相对湿度下降

B. 焓值不变、含湿量下降、相对湿度上升

C. 焓值上升、含湿量不变、相对湿度下降

D. 焓值上升、含湿量不变、相对湿度上升

12. 对空气进行等焓加湿处理后，含湿量上升、（　　）。

A. 焓值不变、温度不变、相对湿度下降

B. 焓值不变、温度下降、相对湿度上升

C. 焓值上升、温度下降、相对湿度下降

D. 焓值上升、温度不变、相对湿度上升

13. 冷却器表面温度低于被冷却空气的露点温度，所实现的过程是（　　）过程。

A. 减湿冷却　　　　B. 干式冷却

C. 增湿冷却　　　　D. 绝热冷却

14. 判断表冷器表面是否结露，主要看表面温度是低于还是高于空气（　　）而定。

A. 干球温度　　　　B. 湿球温度

C. 露点温度　　　　D. 环境温度

四、简答题

1. 已知空气的大气压力为 101 325 Pa，用焓-湿图确定下列各空气状态的其他状态参数，并填写在表格中的空格内。

参数	t	d	φ	h	t_s	t_l	P_v
单位	℃	g/kg 干空气	%	kJ/kg 干空气	℃	℃	Pa
状态 1	22		64				
状态 2		7		44			
状态 3	28					20	
状态 4			70		25		
状态 5					18	15	

2. 冬季人在室外呼气时，为什么看见呼出的气体是白色的？冬季室内供暖时，为什么人常常感觉很干燥？

3. 热湿比的物理意义是什么？为什么说在焓-湿图的工程应用中热湿比起着重要的作用？

4. 将8 000 kg/h状态为$t_1=26℃$，$t_{s1}=22℃$的空气和2 000 kg/h状态为$t_2=35℃$，$\varphi_2=85\%$的空气混合，混合后的空气为状态3，再处理到状态4，$t_4=17℃$，$\varphi_4=95\%$。

试问：处理过程中这些空气将释放出多少热量？凝结出多少水量？试画出空气状态变化过程的焓-湿图。

第四节　空气调节负荷的估算

一、填空题（将正确答案填写在横线上）

1. 在某一时刻，为了维持室温恒定，必须从室内除去的热量，称为________，即必须向室内供应的冷量。在某一时刻，为了维持室温恒定，必须向室内供应的热量，称为________。

2. 在某一时刻，由室外和室内湿源散入房间的总湿量，称为________，包括人体散湿量和设备散湿量。

3. 在某一时刻，由室外和室内热源散入房间的总热量称为________。冷负荷是由得热量引起的，但两者并不相等，冷负荷的峰值比得热量小，出现的时间也比得热量晚。

4. 空调房间的________的大小对空调系统的规模和运行情况有着决定性的影响。为此，在设计空调系统时，首先要计算其热湿负荷。

二、判断题（正确的打“√”，错误的打“×”）

1. 空调系统的得热量就等于冷负荷。（　　）

2. 空调负荷概算指标是指折算到建筑物中每平方米空调面积所需提供的冷负荷值。 （　　）

3. 空调房间的冷负荷由外围结构传热、太阳辐射热、空气渗透热、室内人员散热、室内照明设备散热、室内其他电气设备的负荷，以及新风量带来的空调过程负荷等构成。 （　　）

4. 单位面积估算法是一种将空调负荷单位面积上的指标乘以建筑物内的空调面积，得出制冷系统总负荷的估算值的负荷计算法。 （　　）

三、选择题（将正确答案的代号填在括号内）

1. 空调系统的作用就是平衡室内外干扰因素的影响，使室内温度、湿度等参数维持在设定的数值上。空调技术中将这些干扰因素对室内的影响称为（　　）。

A. 负荷　　B. 负载　　C. 冷量　　D. 热量

2. 空调负荷包括（　　）。

A. 外界负荷、内部负荷　　B. 余热量、余湿量

C. 冷负荷、热负荷、湿负荷　　D. 新风负荷、再热负荷

3. 夏季空调室外干、湿球温度计算（　　）。

A. 采用历年平均不保证 50 h 的干、湿球温度

B. 采用当地室外最高干球温度和湿球温度

C. 采用累计出现频率为 99%的干、湿球温度

D. 采用历年平均不保证 1 天的干、湿球温度

4. 冬季空调室外温度计算应采用（　　）。

A. 历年平均不保证 50 h 的干、湿球温度

B. 当地室外最高干球温度和湿球温度

C. 累计出现频率为 99%的干、湿球温度

D. 历年平均不保证 1 天的日平均温度

四、简答题

1. 空调房间的热负荷由哪几部分组成?

2. 为什么得热量不等于冷负荷？除热量也不等于冷负荷？

五、计算题

某综合楼内包括餐厅、商场、音乐厅、办公室等多种空间，各空间的面积为：餐厅 1 000 m^2，商场 500 m^2，音乐厅 500 m^2，办公室 1 600 m^2，会议室 400 m^2，客房 4 000 m^2。试估算该楼中央空调的冷负荷。

第二章　中央空调系统

第一节　中央空调系统的概述

一、填空题（将正确答案填写在横线上）

1. 按空气设备的设置情况分类，空调系统可分为____________、____________、和____________。

2. 按负担室内热湿负荷所用的介质种类分类，空调系统可分为____________、____________、____________。

3. 中央空调系统的组成一般来说由__________、__________、____________、__________及__________组成。

4. 按系统风量调节方式分类，空调系统分为____________和____________。

5. 按集中式空调系统处理空气的方式分类，空调系统分为____________（又称直流式空调系统）、____________、____________。

二、判断题（正确的打“√”，错误的打“×”）

1. 冷热源装置为空调系统提供 7～12℃冷水和 50～60℃热水。（　　）
2. 集中式空调系统中被调房间内的换热是通过水进行的。（　　）
3. 通常舒适性中央空调系统为单风道、高速系统。（　　）
4. 医院手术室空调系统采用直流式空调系统。（　　）
5. 单风道空调系统、双风道空调系统以及变风量空调系统均属于集中式空调系统。（　　）

三、选择题（将正确答案的代号填在括号内）

1. 按（　　）情况分类，空调系统可以分为集中式系统、半集中式系统和分散式系统。
   A. 空调系统输送冷量和热量　　B. 空气处理设备的设置
   C. 空气处理设备所处理空气的来源　　D. 风管内风速的大小

2.（　　）空调系统一般不需要单独的机房，使用灵活，安装便捷，是家用空调和车辆空调的主要形式。
   A. 分散式　　B. 集中式　　C. 半集中式　　D. 诱导器式

3. 空调房间内的热湿负荷全部经过处理的空气来负担就称为（　　）系统，属于集中式空调系统。
   A. 空气-水　　B. 全水　　C. 全空气　　D. 制冷剂

4. 空调房间的热湿负荷由经过处理的空气和水共同负担的空调系统就称为（　　）空调系统，独立的新风机组加风机盘管系统属于这类系统。

A. 空气-水　　B. 全水　　C. 全空气　　D. 制冷剂

5. 空调房间的热湿负荷直接由制冷剂的蒸发膨胀来负担的空调系统称为（　　）空调系统，属于局部式空调系统。

A. 空气-水　　B. 全水　　C. 全空气　　D. 制冷剂

6. 在产生有毒或有害气体场所以及无菌手术室、放射性试验室等场所，空调运行过程中全部采用室外新风，称为（　　）系统。

A. 一次回风　　B. 二次回风　　C. 直流式　　D. 制冷剂

7. 空调运行过程中全部采用回风循环使用，没有室外的新风补充，房间与空气处理设备之间形成一个封闭的环路，称为（　　）系统。

A. 一次回风　　B. 闭式　　C. 直流式　　D. 制冷剂

四、简答题

1. 简述空调系统的组成，并说明各组成部分的作用。

2. 总结空调系统的各种分类方法。

第二节　集中式空调系统

一、填空题（将正确答案填写在横线上）

1. 新风量应满足以下要求：____________________、____________________和____________________。

2. 一次回风空调系统的组成包括______________、______________、______________和______________。

3. 一次回风的主要缺点是__________________，解决办法是____________________和____________________。

4. 典型的二次回风空调系统是__________、__________、____________和__________。

5. 二次回风的主要缺点是__________________和__________________。

6. 空调系统中的新风占送风量的百分数不应低于____________________。

7. 在实际工作中一般规定，不论每人占房间体积多少，新风量按大于等于__________采用。

8. 一般情况下室内正压在____________即可满足要求。

二、判断题（正确的打“√”，错误的打“×”）

1. 一次回风空调系统在夏季运行时的主要缺点是新风比例不易调节。（　　）
2. 一次回风空调系统在夏季运行时的主要缺点是浪费能量，冷热抵消。（　　）
3. 一次回风空调系统所采集的新风必须经过净化处理。（　　）
4. 中央空调的回风管道都是低速风管。（　　）

三、选择题（将正确答案的代号填在括号内）

1. 直流式空调系统在夏季运行时（　　）。
   A. 必须开启加热器　　B. 不允许开启加热器
   C. 根据精度要求开启加热器　　D. 根据基数要求开启加热器
2. 直流式空调系统在夏季运行时的主要缺点是（　　）。
   A. 对于舒适性空调新风量不足　　B. 对于工艺性空调新风量不足
   C. 对于工艺性空调热负荷太大　　D. 热湿负荷太大
3. 直流式空调系统适用于（　　）。
   A. 舒适性的场合　　B. 洁净的场合
   C. 无公害的场合　　D. 产生有害气体的场合
4. （　　）空调系统适用于对送风温差没有严格要求的舒适性空调场合。
   A. 二次回风　　B. 一次回风
   C. 直流式　　D. 封闭式
5. 一次回风空调系统在夏季运行时，对于（　　）。
   A. 舒适性空调根据基数要求开启加热器　　B. 工艺性空调根据精度要求开启加热器

C. 工艺性空调不允许开启加热器　　D. 舒适性空调均需开启加热器

6. 一次回风空调系统在夏季运行时要特别注意（　　）。

A. 对新回风量比例的调节　　B. 将新风阀全部关闭

C. 将新风阀全部打开　　D. 加湿量的调节

7. 计算送风量的公式是：$G = Q / (h_n - h_0)$（kg/h），其中（　　）。

A. h_n为室内状态点的焓，h_0为送风状态点的焓

B. h_0为室内状态点的焓，h_n为新风状态点的焓

C. h_n为回风状态点的焓，h_0为室内状态点的焓

D. h_n为回风状态点的焓，h_0为送风状态点的焓

8. 在舒适性空调系统中，根据处理空气的来源不同，采用较多的空调系统是（　　）。

A. 直流式　　B. 二次回风式

C. 封闭式　　D. 一次回风式

9. 计算新风负荷必须知道（　　）。

A. 新风温度、室外空气的焓和表冷器前空气的焓

B. 新风量、室外空气的温度和室内空气的温度

C. 回风量、室外空气的焓和室内空气的焓

D. 新风量、室外空气的焓和室内空气的焓

10. 已知新风量、室外空气的焓和室内空气的焓即可计算（　　）。

A. 新风负荷　　B. 回风负荷　　C. 总负荷　　D. 热负荷

11. 被调房间的室温允许波动范围大于1℃，送风温差应选取为（　　）℃。

A. 2 ~ 3　　B. 3 ~ 6　　C. 6 ~ 10　　D. ≤15

四、简答题

1. 普通集中式空调系统的主要优缺点是什么？

2. 简述集中式空调系统的适用条件。

3. 在焓-湿图上画出一次回风的空气调节过程示意图。

4. 简述一次回风空调系统和二次回风空调系统的特点及适用场合。

第三节　风机盘管空调系统

一、填空题（将正确答案填写在横线上）

1. 风机盘管机组主要由________、________、________、________、________和________组成。

2. 盘管一般采用______________，有二排、三排等类型。

3. 风机一般采用_______和_______两种形式，风量为250～2 500 m^3/h。

4. 风机盘管空调系统的新风供给方式有三种：__________________、____________________、_____________________________。

二、判断题（正确的打"√"，错误的打"×"）

1. 有许多房间需要空气调节，但所控制温度有差别时，应选用半集中式空调系统。（　　）

2. 局部式空调系统的优点是调控灵活，因设备分散设置在空调房间内，不需要集中的机房。（　　）

3. 对精度要求不同的空调房间，需采用不同的送风温差。若送风温差大，温度波动就大，会导致精度降低。（　　）

4. 风机盘管空调系统采用房间缝隙自然渗入的新风供给方式，有利于空调房间内温度均匀。（　　）

5. 全室进行吊顶且层高较高的房间，适宜将风机盘管安装设置在房间吊顶的中部。（　　）

6. 为了节省投资，减少噪声，高静压型卧式暗装风机盘管的安装应尽量采用"一机多口"的送风方式。（　　）

三、选择题（将正确答案的代号填在括号内）

1. 风机盘管空调系统属于（　　）系统。

A. 空气-水　　B. 空气　　C. 水　　D. 制冷剂

2. 对于有风机盘管的房间，房间内的局部可控参数主要是（　　）。

A. 风压、水温、水量　　B. 风量、室内温度、排风

C. 风压、冷冻水温度、新风量　　D. 风量、冷冻水温度、新回风量

3. 风机盘管机组的局部调节方法有（　　）两种。

A. 水量调节和风量调节　　B. 室内温度调节和排风量调节

C. 室内温度调节和新风量调节　　D. 冷冻水温度和新回风量调节

4. 空调设备进行整个系统的运行与调整，其实质是系统（　　）的调整。

A. 流量　　B. 水量

C. 风量　　D. 温度

四、简答题

1. 风机盘管的水系统根据供回水管数量的不同，分为哪几种系统形式？各有什么特点？

2. 画出风机盘管加独立新风系统的组成。

3. 集中式空调系统（全空气空调系统）和风机盘管加新风空调系统是目前常用的两种空调系统，试分析这两种系统各自的优缺点及适用场所。

第三章　中央空调的空气处理设备

第一节　喷　水　室

一、填空题（将正确答案填写在横线上）

1. 对空气的处理主要通过________、________、________、________、________以及________等处理过程实现。

2. 按照被处理的空气是否与进行热湿交换的冷、热媒流体接触分为____________和____________两类空气处理设备。

3. 喷水室特有的功能是实现______________________，这是其他空气冷却处理装置所不能代替的。

4. 喷水室结构由________、________、________、________、________以及________组成。

5. 喷水室按照喷水级数可以分为________喷水室和________喷水室。

6. ________是喷水室的核心配件，其作用是____。

7. 喷水室挡水板分为__________和__________，它由多块直立折板组成。前挡水板的作用是______________________，增加热湿交换效果，同时挡住可能溅出来的水滴。

二、判断题（正确的打“√”，错误的打“×”）

1. 挡水板过水的原因有喷水量过大，空气流速较高，挡水板制造质量较差。（　　）

2. 立式喷水室的空气流动方向为由下向上，水由上向下喷出，处理空气量大时常用立式喷水室。（　　）

3. 对于喷水室来说，喷嘴排数越多越好。（　　）

4. 对于喷水室来说，当需要较大的喷水系数时，通常采取保持喷嘴密度不变、提高喷嘴前水压的办法来解决。（　　）

5. 空气与水之间进行湿热交换的情况取决于边界与周围空气的水蒸气分压力差。（　　）

三、选择题（将正确答案的代号填在括号内）

1. 在喷水室中，用不同温度的水喷淋空气，形成（　　）种典型的空气状态变化过程。

A. 7　　B. 3　　C. 4　　D. 6

2. 用温度低于空气露点温度（$t_{sh}<t_1$）的冷水喷淋空气，空气的温度、焓和含湿量均下降，该过程称为（　　）。

A. 等湿冷却　　B. 减焓加湿　　C. 冷却去湿　　D. 等焓加湿

3. 用温度等于空气露点温度（$t_{sh}=t_1$）的水喷淋空气，空气的状态变化过程为（　　）。

A. 温度降低，含湿量不变，焓减小　　B. 温度降低，含湿量减少，焓增大

C. 温度降低，含湿量减少，焓减小　　D. 温度升高，含湿量增加，焓增大

4. 用湿度低于空气湿度、温度高于空气露点温度（$t_s>t_{sh}>t_1$）的水喷淋空气，空气的状态变化过程为（　　）。

A. 温度降低，含湿量不变，焓减小　　B. 温度降低，含湿量减少，焓增加

C. 温度降低，含湿量减少，焓减小　　D. 温度降低，含湿量增加，焓减小

5. 用温度等于空气湿球温度（$t_{sh}=t_s$）的水喷淋空气，空气的温度、焓均下降，含湿量增加，该过程称为（　　）。

A. 等湿冷却　　B. 减焓加湿　　C. 冷却去湿　　D. 等焓加湿

6. 用温度等于空气干球温度（$t_{sh}=t_g$）的水喷淋空气，空气的状态变化过程为（　　）。

A. 温度降低，含湿量不变，焓减小　　B. 温度升高，含湿量增加，焓增大

C. 温度不变，含湿量增加，焓增大　　D. 温度降低，含湿量增加，焓减小

7. 用大于空气湿球温度且小于空气干球温度（$t_g>t_{sh}>t_s$）的水喷淋空气，空气的状态变化过程为（　　）。

A. 温度降低，含湿量不变，焓减小　　B. 温度降低，含湿量增加，焓增大

C. 温度不变，含湿量增加，焓增大　　D. 温度降低，含湿量增加，焓减小

四、简答题

1. 用喷水室处理空气时，若采用不同的喷水温度，可以实现 7 种空气处理过程，如图 3—1 所示，请写出这 7 种状态变化过程的名称及各种变化过程中空气的主要参数（温度、含湿量、焓）的变化。

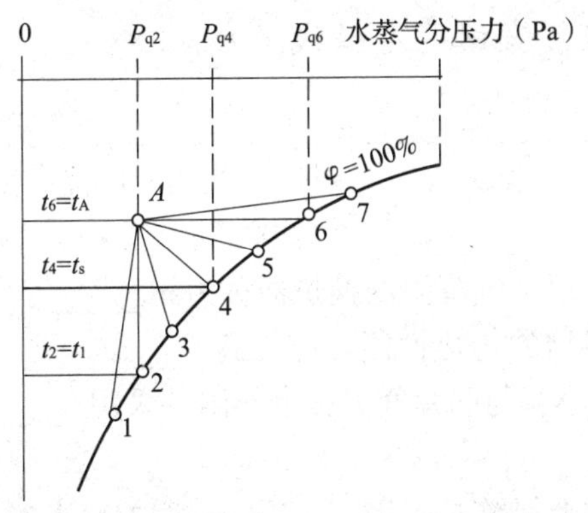

图 3—1　空气与水直接接触时的状态变化过程

2. 简述影响喷水室热交换效果的因素。

第二节　表面式换热器

一、填空题（将正确答案填写在横线上）

1. 表冷器可以实现_________、_________、_________三种空气处理过程。

2. 空气加热器利用_______或_______对空气加热，以提高室内温度。

3. 表面式冷却器利用_______________对空气进行冷却，以降低室内温度。

4. 利用制冷剂直接蒸发对空气降温的换热器称为________。

5. 为了提高表面式换热器的传热性能，应提高________及________的传热系数。强化管外侧换热的主要措施是减小管与肋片间的接触热阻，采用________等增强空气的扰动，加强换热。

6. 强化管内侧换热的主要措施是采用_________增加冷水的扰动。

二、判断题（正确的打“√”，错误的打“×”）

1. 空调机组表冷段通常位于送风机前，其所处压力为负压，集水盘的冷凝水管必须设置水封。（　　）

2. 装配式空调机组由若干个有不同空气处理功能的预制单元组装而成，所以称为组合式空调机组。（　　）

3. 组合式空调机组的表冷加热段冬夏兼用，夏季冷媒供回水温度多为 7℃/12℃；冬季热媒供回水温度多为 55～60℃/45～50℃。（　）

4. 集中式空调系统的表冷器、加热器每隔 2 ～3 年应采用化学法清洗水垢，每年清扫或吹洗表面尘垢。（　）

5. 当集中式空调冬季停用，周围环境温度低于结冰温度时，应排尽管内存水。如残水不能除尽，应加入防冻液。（　）

三、选择题（将正确答案的代号填在括号内）

1. 冬季室外温度低且空气干燥，必须对新风进行加热加湿的处理，加热一般分（　）次进行，即预热和再热。

A. 一　B. 二　C. 三　D. 四

2.（　）需要从外部提供冷源和热源，能够完成混合过滤、加热、冷却、加湿、减湿及消声和能量回收等多种空气处理过程。

A. 分体式空调机组　B. 组合式空调机组
C. 恒温恒湿空调机组　D. 风机盘管空调机组

3. 组合式空调机组按照加热所用热媒的不同，（　）有蒸汽加热、热水加热和电加热三种类型。

A. 初效过滤段　B. 加热段　C. 加湿段　D. 送风段

4. 组合式空调机组的（　）内设有翅片管式换热器和凝结水盘，为防止被处理空气将冷凝水带入送风管道设计挡水板。

A. 初效过滤段　B. 表冷段　C. 加湿段　D. 送风段

5. 组合式空调机组的（　）内不安装任何空气处理设备，仅为某些功能段提供内部检修空间而设置，在操作面一侧设有供人员出入的检修门。

A. 消声段　B. 表冷段　C. 加湿段　D. 中间段

6. 组合式空调机组的（　）设有使新风与排风交叉流过的板翅式能量回收装置，进行热交换，达到回收显热能量的目的。

A. 消声段　B. 表冷段　C. 能量回收段　D. 中间段

四、简答题

1. 表面式换热器有什么特点？

2. 怎样连接表冷器的管路，才能便于冷量的调节？

3. 为什么表冷器表面上有凝结水产生时，其冷却能力会增大？

4. 冷却器的冷却效率与通过冷却器的空气质量流速和冷却器的管排数有什么关系？为什么？

5. 为什么空气冷却器外表面肋化可以有效地改善其冷却能力？为什么不能任意增大肋化系数来增强冷却器的冷却能力？

第三节　加　湿　器

一、填空题（将正确答案填写在横线上）

1. 根据对空气的处理方式分类，加湿器分为____________和______________两种。根据空气处理的工作过程分类，加湿器分为______________和______________两种。

2. 等温加湿是利用外界热源产生_________，然后再将________混入空气中进行加湿，在这个过程中，因蒸汽温度与空气温度相等，是____________，空气的焓________、含湿量________、相对湿度_________。______________、______________、_____________等属于等温加湿器。

3. 向空气中直接喷水滴的过程近似为____________，因水吸收空气中的显热而蒸发成蒸汽，又以潜热的形式将热量传递给空气。在空气处理过程中空气的焓__________、含湿量__________、温度__________、相对湿度_________。__________、__________、__________、____________等属于等焓加湿器。

二、判断题（正确的打"√"，错误的打"×"）

1. 湿膜加湿器的填料要求具有较强的吸水性，阻燃，耐腐蚀，能阻止或减少藻类在表面滋生。（　　）

2. PTC 蒸汽加湿器是一种电热式加湿器，采用 PTC 热电变阻器（氧化陶瓷导体），发热元件直接放入水中，通电后将水加热产生蒸汽，耗电量少。（　　）

3. 电极式加湿器和电热式加湿器的缺点是耗电量大，运行、维护费用高，不使用软化水或蒸馏水时，内部易结垢，清洗较困难。（　　）

4. 高压喷雾加湿器的优点是加湿量大，雾粒细，效率高，运行可靠，耗电量低，缺点是可能带菌，喷嘴易堵塞。（　　）

5. 对空气湿度及其控制精度要求高时要采用高压喷雾加湿器。（　　）

三、选择题（将正确答案的代号填在括号内）

1. 在一次回风空调系统内实现绝热加湿过程的部件是（　　）。

A. 喷雾室　B. 电极加湿器　C. 红外线加湿器　D. 水池

2. 在一次回风空调系统内实现等温加湿过程的部件是（　　）。

A. 电极加湿器　B. 喷雾室　C. 一次加热器　D. 二次加热器

3. 对湿度控制精度要求较高且有蒸汽源的场所，宜选用（　　）。

A. 高压喷雾加湿器　B. 电极式加湿器

C. 干蒸汽加湿器　D. 电热式加湿器

4. 高压喷雾加湿和超声波加湿的特点是（　　）。

A. 耗电量大　B. 可能带菌

C. 可满足较高的湿度和精度控制要求　D. 运行费用较高

5. 医院洁净室、手术室净化空调系统宜采用（　　）。

A. 超声波加湿器　　　　　　　　　　B. 高压喷雾加湿器
C. 湿膜加湿器　　　　　　　　　　　D. 干蒸汽加湿器

四、计算题

1. 温度 $t=20℃$ 和相对湿度 $\varphi=40\%$ 的空气，其风量 $G=2\ 000$ kg/h，用 $p=0.15$ MPa 工作压力的饱和蒸汽加湿，求加湿空气到 $\varphi=80\%$ 时需要的蒸汽量和此时空气的最终参数。

2. 对风量为 1 000 kg/h、$t=16℃$、$\varphi=30\%$ 的空气，用喷蒸汽装置加入了 4 kg/h 的水汽，试问处理后的空气终态是多少？如果加入了 10 kg/h 的水汽，这时终态又是多少？会出现什么现象？

第四节　空气除湿设备

一、填空题（将正确答案填写在横线上）

1. 空气除湿的方法概括起来有__________、__________、__________和__________。

2. 转轮除湿机的除湿量可以从以下两个方面进行调节：______________和______________。

3. 通风除湿适用于__________的地区。

4. 冷冻除湿适用于__________的场合，冷冻除湿性能稳定，工作可靠，能连续工作。除湿原理是______________________________。

二、判断题（正确的打“√”，错误的打“×”）

1. 普通冷冻除湿机与调温除湿机的冷凝器结构相同。　（　　）

2. 通风除湿的原理是向潮湿空间输送含湿量小的室外空气，同时排出等量潮湿空气。（　　）

3. 升温除湿后空气的含湿量减少，相对湿度不变。（　　）

4. 普通冷冻除湿机的性能在常温下比较稳定，运行可靠，能连续除湿，常用于温度为15～35℃，相对湿度小于90%，既需除湿又需加热的场合。（　　）

5. 冷冻除湿方法简单易行，投资和运行费用低。（　　）

三、选择题（将正确答案的代号填在括号内）

1. 调温除湿机属于露点式除湿机，同样采用制冷系统进行除湿。与普通冷冻除湿机不同的是，调温除湿机同时配有（　　）。

A. 水冷式冷凝器和风冷式冷凝器

B. 两个压缩机

C. 冷却空气的蒸发器和冷却液体的蒸发器

D. 两个节流阀

2. 冷冻除湿的原理是湿空气流经低温表面，空气温度降至（　　）温度以下，湿空气中的水汽冷凝析出。

A. 沸点　　B. 干球　　C. 露点　　D. 湿球

3. 氯化锂吸收空气中的水分后成为结晶水，不是变成水溶液，是典型的（　　）过程。因此，氯化锂转轮除湿机除湿时不会产生氯化锂溶液对设备造成腐蚀，不需添加和补充除湿剂，是一种理想的除湿设备。

A. 液体吸湿　　B. 湿式除湿　　C. 干式除湿　　D. 固体吸附

4. 氯化锂转轮除湿机中载有吸湿剂的转轮被密封分隔成两个扇形区域：圆心角为（　　）的处理区和圆心角为（　　）的再生区。

A. 180°　180°　　B. 90°　270°　　C. 300°　60°　　D. 270°　90°

5. 氯化锂转轮除湿机主要由除湿系统、（　　）系统和控制系统三部分组成。

A. 冷却　　B. 净化　　C. 加热　　D. 再生

四、简答题

1. 简述氯化锂转轮除湿机的工作原理。

2. 简述各种除湿方法的特点。

3. 有哪些空气处理方法？它们各能实现什么处理过程？

第五节　空气的净化设备

一、填空题（将正确答案填写在横线上）

1. 空气的含尘浓度是指____________________。根据室内空气净化的要求不同，空气的含尘浓度采用下面三种方法表示：__________、__________、__________。

2. 根据生产要求和人们工作、生活的要求，通常将空气净化分为三类：________、________和________。

3. 空气过滤器的滤尘机理有________、________、________、________、________。

4. 初效过滤器滤料有________、________、______等，结构形式有________、________和_________。

5. 中效过滤器主要用于过滤____________，过滤材料有________、________、__________________等，结构形式有_________、________、___________。

6. 高效空气过滤器主要用于过滤________________，用于普通 100 级以上洁净室送风的末级过滤，滤料有______________、______________、________________等，结构形式有________、________。

二、判断题（正确的打“√”，错误的打“×”）

1. 初效过滤器通常用在空调净化系统中作为预过滤器保护中效和高效过滤器及空调箱内的其他配件，以延长其使用寿命。（　）

2. 中效过滤器在空调净化系统中作为中间过滤器，用来去除粒径≥1.0 μm 的尘埃粒子，它的初阻力≤80 Pa。（　）

3. 高效过滤器前不需安装初效过滤器和中效过滤器。（　）

4. 高级别的净化室多用几个初效过滤器和中效过滤器就能实现。（　）

5. 亚高效过滤器在空调净化系统中作为中间过滤器使用，在低级净化系统中可作为终端过滤器使用，用来去除粒径≥0.5 μm 的尘埃粒子，初阻力≤120 Pa。（　）

三、选择题（将正确答案的代号填在括号内）

1. 高效过滤器一般使用（　）更换。

A. 半年　　B. 一年

C. 一个月　　D. 三个月

2. 空气洁净技术的主要目的在于创建一个（　）的环境。

A. 舒适　　B. 健康

C. 良好空气品质　　D. 满足工艺要求

3. 净化空调系统应在新风口设置（　）过滤，应在系统的正压段设置（　）过滤，应在系统的末端或尽量靠近末端设置（　）过滤。

A. 初效　中效　高效　　B. 高效　中效　初效

C. 中效　初效　高效　　D. 初效　高效　中效

4. 用于过滤大颗粒粒子及各种异物的过滤器为（　）。

A. 初效过滤器　　B. 中效过滤器

C. 高效过滤器　　D. 亚高效过滤器

5. 洁净室压差控制的原则之一是送风、回风、排风系统的启闭应连锁，正压洁净室的连锁程序为（　）。

A. 先启动回风机，再启动送风机和排风机

B. 先启动送风机，再启动回风机和排风机

C. 先启动排风机，再启动送风机和回风机

D. 先启动回风机与排风机，再启动送风机

6. 高效空气过滤器的阻力达到初阻力的（　）倍时，应进行更换。

A. 1.5～2　　B. 2

C. 3　　D. 4

7. 实际使用空气过滤器的容尘量与（　）有关。

A. 使用期限　　B. 初阻力

C. 终阻力　　D. 风量

四、简答题

1. 衡量过滤器性能的主要指标有哪些？

2. 空气过滤器有哪些主要类型？各自有什么特点及适用于哪些场合？

第六节　中央空调的水系统

一、判断题（正确的打"√"，错误的打"×"）

1. 开式系统的水循环管路中无开口处，冷媒水在系统内进行密闭循环，不与大气接触，仅在系统的最高点设膨胀水箱。（　）

2. 闭式系统的特点是扬程大，能耗高，循环水易受污染，水中含氧量高，管路和设备易受腐蚀，容易引起水锤现象。（　）

3. 异程式水系统各支路的阻力相差很大，使短支路水循环量大，长支路水循环量小，要通过各层阀门进行调整，获得合理的水量分配。（　）

4. 同程式系统的特点是各环路的阻力大致相等，水流量分配较为均衡，初投资少且需占用的建筑空间小。（　）

5. 风机盘管或新风机组等空调末端设备的回水管路上安装电动三通阀，在负荷减小时，供回水的温差会相应减小。（　）

6. 定水量系统的特点是系统输水量按照最小空调负荷来确定，循环泵的输送能耗总是处于最大值，造成部分负荷时运行费用大。（　）

7. 变水量系统保持供回水温差不变，通过改变负荷侧的水流量来适应房间负荷的变化，这种系统的风机盘管采用电动二通阀。（　）

8. 在变水量系统中，水泵的输水量随负荷变化而变化，适用于设两台或多台冷水机组和循环泵的系统，降低了运行的成本。（　）

9. 在单式泵系统中，空调负荷侧不设水泵，冷（热）源与负荷侧共用冷（热）水泵。（　）

10. 大型建筑各分区供水作用半径相差悬殊时，宜采用单式泵系统，特殊情况下则采用复式泵系统。（　）

11. 目前空调冷（热）水系统的定压方式有三种，即高位膨胀水箱定压、隔膜式气压罐定压和变频补水泵定压。（　）

12. 隔膜式气压罐也称为低位闭式膨胀水箱，定压装置通常设置在泵房，主要由软化设备、补水泵、气压罐、阀门和控制仪表等组成。（　）

13. 冷却塔能解决系统中由于水温变化引起的体积膨胀问题，实现对系统的稳压、自动补水、自动泄水和过压保护功能。（　）

14. 水泵的转速与供水量成正比，通过变频控制水泵的转速，进而调整水泵的供水量，保证供水压力稳定，实现按需供水。（　）

15. 离心泵的泵壳是对液体做功的元件，一般是由两块圆形盖板以及盖板之间若干弯曲的叶片和轮毂所组成。（　）

16. 离心泵叶轮的作用是汇集来自轴封装置的液体，并使液体的部分动能转化为压力能，最后将液体均匀地导向排出口。（　）

17. 离心泵壳顶上设有充水和放气的螺孔，以便在水泵启动前充水和排走泵壳内的空气，在泵壳底部设有排水螺孔。（　）

18. 水泵的性能曲线反映了水泵在一定的转速下，水的扬程 H、轴功率 P、效率 η 以及允许吸上真空高度 H_s 随流量 Q 而变化的关系。（　　）

19. 对离心水泵装置的工况点，常需要人为地进行必要的改变和控制，最常见的调节就是改变进水阀门的开启度来进行调节。（　　）

20. 水泵产生气蚀的原因有：泵进口处的真空度过高，泵安装地点的大气压过低，泵所输送液体温度过高，启泵时未开启吸入管阀门，造成无水空转。（　　）

21. 机械密封的动环与静环磨损后必须成对更换，在装配时轴向窜动量要适当，在保证径向密封的同时保证能在轴上灵活移动。（　　）

22. 冷却塔的主要技术指标冷却温差 Δt 大，说明散热量多，标准型冷却塔的冷却温差 $\Delta t=10$℃，工业型冷却塔的冷却温差 $\Delta t=5$℃。（　　）

23. 靶流式流量开关有数个靶片，要根据管径与流量设定开关动作的最高水流量值，通过调整螺母可以调节微调弹簧的预紧力，以获得最佳设定效果。（　　）

24. 在冷却塔的冷却水进水干管上装测温传感器，通过温控器控制冷却塔风机的启停，自动调节出水温度，以保证水温的稳定。（　　）

二、选择题（将正确答案的代号填在括号内）

1. 从节省循环水泵耗电量考虑，多层和高层建筑的冷（热）水系统绝大多数都采用了（　　）水系统。

A. 压力式　　B. 开式　　C. 闭式　　D. 温度式

2. 在实际水系统中，如果末端设备的阻力很大，而主干管路上阻力较小，宜采用（　　）布置。

A. 闭式　　B. 开式　　C. 同程式　　D. 异程式

3. 在实际水系统中，如果各支环路末端设备的阻力较小，整个负荷侧管路较长，其阻力占的比例较大时，宜采用（　　）布置。

A. 闭式　　B. 开式　　C. 同程式　　D. 异程式

4. 空调水系统运行负荷侧是指从分水器经（　　），返回集水器这段管路，该环路分为定水量系统与变水量系统。

A. 空调机组、风机盘管　　B. 冷水机组

C. 加热机组　　D. 分体空调

5. 冷源侧通常保持定水量运行，防止蒸发器换热盘管因水量不足而冻结，空调的定水量系统和变水量系统只对（　　）适用。

A. 冷热源侧　　B. 冷水机组　　C. 负荷侧　　D. 分体空调

6. 定流量系统中的水循环量是不变的，它通过改变（　　）来适应房间负荷的变化。

A. 供、回水温差　　B. 供、回水流量　　C. 供、回水压力　　D. 供、回水比例

7. 如果建筑物高度过高，系统静压大，则应将循环泵设在冷水机组（　　），以降低蒸发器冷水侧的工作压力。

A. 蒸发器出口　　B. 蒸发器进口　　C. 冷凝器进口　　D. 冷凝器出口

8. 在分水器和集水器之间设置了旁通管路，管路上设置了由压差控制器控制的（　　），使冷水机组冷水流量保持不变。

A. 电动两通阀门　B. 电动三通阀门　C. 电磁两通阀门　D. 电磁三通阀门

9.（　）通常设置在水系统的最高处，其标高至少高出水系统最高处 1 m，其作用是对系统定压，容纳水体积膨胀量和向系统补水。

A. 膨胀水箱　B. 冷却水塔　C. 定压罐　D. 冷水机组

10. 离心式水泵的特点是依靠叶轮的高速旋转来使流体获得较大的动能，并依靠流道出口的变化使流体的动能转化为（　）。

A. 压力能　B. 动能　C. 热能　D. 势能

11. 离心泵的（　）即压头，指的是泵所输送的单位质量的流体从进口到出口的能量增加值，即单位质量的有效能量。

A. 扬程　B. 流量　C. 热能　D. 温度

12. IS－100－65－200A 中 IS 代表国际标准离心泵，100 表示水泵（　）100 mm。

A. 进口直径　B. 出口直径　C. 叶轮名义直径　D. 泵壳直径

13. 在水泵停机前，应先关闭（　）阀门，再关水泵，此时泵体内水会短时间旋转，不会产生损伤，切忌水泵内无水空转。

A. 水泵出口　B. 水泵进出口　C. 水泵进口　D. 风机盘管

14. 水泵采用的（　）是靠弹簧和密封介质的压力在旋转的动环和静止的静环的接触表面上产生适当的压紧力，防止液体泄漏，达到密封的目的。

A. 压力密封　B. 填料密封　C. 机械密封　D. 流动密封

15. 管道的管材通常根据系统的工作压力和管径大小选择，公称直径 DN≤150 mm，公称压力 $p>1.0$ MPa 或介质温度＞200℃，应选用（　）。

A. 无缝钢管　B. 普通水煤气钢管

C. 螺旋缝电焊钢管　D. 任意钢管

16.（　）由旋塞阀演变而来，它具有旋转 90°的动作，其中的旋塞体呈球形，有圆形通孔或通道通过其轴线。

A. 蝶阀　B. 闸阀　C. 球阀　D. 止回阀

17.（　）是防止管道中介质倒流的自动阀门，在空调水系统中安装在冷水泵或冷却水泵的压出端，应按阀体标志的流体箭头方向安装，不能装反。

A. 蝶阀　B. 闸阀　C. 球阀　D. 止回阀

18.（　）安装时从压差开关连接两根紫铜管至换热器的进出口，根据测量进出口水的静压差，反映出水系统的流量，它的控制精度高，工作可靠。

A. 压力表　B. 温度计

C. 靶流式水流量开关　D. 压差式水流量开关

19. 硬度是表示水中（　）离子的含量，而碱度是表示水中 OH^-、HCO_3^-、CO_3^{2-} 等离子的含量。

A. Ca^{2+}、Mg^{2+}　B. Na^+、Mg^{2+}

C. Ca^{2+}、Na^+　D. Na^+、Ca^{2+}、Mg^{2+}

20.（　）是在一定强度的静电场作用下，使水产生极化作用，水中碳酸钙等难溶盐的正负离子难以结合、结晶、沉淀成垢。

A. 静电场阻垢处理器　B. 电子水处理器

C. 强磁水处理器　　　　　　　　　　　　D. 酸碱水处理器

三、简答题

1. 空调常用冷却塔有哪些类型？试述各自的工作原理及应用特点。

2. 空调水系统的主要附属设备有哪些？试分析各自的作用。

第七节　空调通风系统

一、判断题（正确的打“√”，错误的打“×”）

1. 风阀在风道系统中起着关断风量的作用。　（　）
2. 中央空调空气处理系统中安装防火阀是为了灭火。　（　）
3. 防火阀中易熔片熔化，防火阀就会打开。　（　）
4. 当易熔片熔化、阀门动作后，安装传递信号装置的防火阀能将信号传送至消防中心。（　）
5. 空调通风管道做保温处理是为了减少冷热量损失。　（　）
6. 空调通风低温管道表面在温度较高的房间内易结露，需要对风管做保温隔热处理。（　）
7. 空调通风管道使用的保温材料应具备无毒、难燃的应用指标。　（　）
8. 风管在安装时应沿流动方向形成不小于 0.005 的坡度，用于排除凝结水。　（　）
9. 离心式风机排出气体流动的损失小、效率高、噪声小，被广泛应用在冷却水塔和风冷冷凝器等设备中。　（　）
10. 风机故障主要出自两方面：噪声变大和温升过高。　（　）

11. 噪声就是杂乱无序的响声，会使人感到烦躁、刺耳，影响工作、学习和生活。（　　）
12. 空调系统风量一定时，风机压头越大，噪声越大。（　　）
13. 在送回风管道上安装消声器用来减小噪声。（　　）
14. 散流器是一种辐射形送风口，由于它的送风特性，一般安装在侧墙壁上。（　　）
15. 在影剧院等人群密集场所，送回风常采用下送上回方式。（　　）
16. 防火排烟系统在防火阀、防火门关闭前启动工作。（　　）
17. 防火排烟系统启动后，楼宇正压送风系统配合启动工作。（　　）

二、选择题（将正确答案的代号填在括号内）

1. 安装在天花板上向下送风的风口是（　　）。
A. 条形风口　B. 排烟口　C. 散流器　D. 侧风口
2. 防火阀中安装的易熔片在（　　）℃时熔化。
A. 70　B. 60　C. 50　D. 40
3. 防火阀除手动式外，另一种可安装信号传递装置，阀门关闭后发出信号传送至（　　）。
A. 总经理室　B. 门卫室　C. 消防控制中心　D. 工程部
4. 空调管道保温层用材料是（　　）的。
A. 阻燃　B. 难燃　C. 可燃　D. 助燃
5. 风道保温层除有减少冷热量损失的作用外，还有（　　）作用。
A. 防撞伤　B. 防结露　C. 防漏风　D. 防漏光
6. 风管安装时应沿风流动方向形成不小于0.005的坡度，用于（　　）。
A. 排除凝结水　B. 排除噪声　C. 通风顺畅　D. 保证风速
7. 空调通风管道安装属于（　　）工程项目，经验收后，下道工序方可施工。
A. 土建　B. 电气　C. 改造　D. 隐蔽
8. 单位时间内风机所输送的气体体积称为（　　）。
A. 风压　B. 风量　C. 风速　D. 流量
9. 评价风机性能好坏的重要指标是风机的（　　）。
A. 功率　B. 转数　C. 效率　D. 材质
10. 中央空调设备中使用最广泛的风机是（　　）。
A. 高速风机　B. 离心式风机　C. 低速风机　D. 防爆型风机
11. 轴流式风机的特点是风压小，（　　）大。
A. 风速　B. 风压　C. 噪声　D. 风量
12. 贯流式风机适用于安装在室内低噪声设备中，如风幕机及（　　）。
A. 电风扇　B. 计算机　C. 空调机　D. 电吹风
13. 风机运行中表面温度高于（　　）℃时必须停机检修。
A. 70　B. 60　C. 50　D. 40
14. 在送回风管道中安装（　　），用来降低噪声。
A. 帆布软连接　B. 金属螺纹管软连接
C. 回风过滤网　D. 消声器

15. 通风机、水泵、制冷压缩机底座安装减震器，除具有减震功能外，还有（　　）的作用。

A. 保证垂直度　　B. 减小扭力　　C. 加固基座　　D. 提高效率

16. 为空调房间提供清新空气的设备是（　　）系统。

A. 回风　　B. 排风　　C. 加热加湿　　D. 新风

17. 散流器安装的室内位置是（　　）。

A. 回风口处　　B. 侧墙壁上　　C. 检修口　　D. 天花板上

18. 影剧院内的送回风方式应是（　　）。

A. 中送下回　　B. 下送下回　　C. 上送下回　　D. 下送上回

三、简答题

1. 常用空调的气流组织形式有哪几种？试说明各自的特点及适用场合。

2. 常见送风口形式有哪些？试说明各自的应用范围和特点。

第四章　中央空调的冷（热）源装置

第一节　活塞式冷水机组

一、填空题（将正确答案填写在横线上）

1. 中央空调按照使用能源不同分为________________和________________。
2. 蒸汽压缩式制冷系统按照压缩机的形式不同分为____________、____________、____________。
3. 中央空调冷凝器按冷却方式分为____________、____________和____________。
4. 按照结构不同，热力膨胀阀可分为____________和____________。

二、判断题（正确的打“√”，错误的打“×”）

1. 活塞式制冷压缩机的缸径比一般取0.7～0.85。（　　）
2. 活塞式制冷压缩机按与电动机的连接方式不同可分为开启式、半封闭式、全封闭式。（　　）

三、选择题（将正确答案的代号填在括号内）

1. 活塞式制冷压缩机实现能量调节的方法是（　　）。
   A. 顶开吸气阀片　　B. 顶开高压阀片
   C. 停止油泵运转　　D. 关小排气截止阀
2. 在往复活塞式制冷压缩机中，设计有轴封装置的机型是（　　）。
   A. 全封闭式压缩机　　B. 半封闭式压缩机
   C. 开启式压缩机　　D. 涡旋式压缩机
3. （　　）制冷压缩机没有余隙容积。
   A. 斜盘式　　B. 滚动转子式
   C. 曲柄导管式　　D. 涡旋式
4. 制冷压缩机的润滑和冷却，使用月牙形内啮合齿轮油泵的特点是（　　）。
   A. 只能顺时针旋转定向供油
   B. 只能逆时针旋转定向供油
   C. 不论顺转、反转都能按原定流向供油
   D. 与外啮合齿轮油泵相同

四、简答题

1. 简述活塞式冷水机组能量调节的常见形式。

2. 简述开利 30HR－161 型活塞式冷水机组的制冷系统工作流程。

第二节　离心式冷水机组

一、填空题（将正确答案填写在横线上）

1. 离心式制冷压缩机属于__________制冷压缩机。

2. 离心式制冷压缩机是通过__________对制冷剂气体做功，使其流速__________，然后通过扩压器使气体__________，__________转化为__________，从而提高制冷剂压力。

3. 离心式制冷压缩机的气体流量由______________而定。

二、判断题（正确的打“√”，错误的打“×”）

1. 离心式冷水机组系统中的均压管阀开度过大，将会造成油压过高。（　　）

2. 为减小启动电流，离心式冷水机组的导叶角度应处于零位。如果导叶角度不处于零位，机组就不能启动。（　　）

3. 离心式冷水机组的无泵型自动抽气回收装置随主机运转而工作，当机组停止运转时，抽气回收装置也停止工作。（　　）

4. 离心式冷水机组压缩机发生喘振的原因之一是制冷压缩机吸不上气。（　　）

三、选择题（将正确答案的代号填在括号内）

1. 在单机压缩离心式冷水机组中，导叶由可变流量旋转叶片组成，进行（　　）的调节。

A. 冷却水量　　B. 冷凝温度　　C. 制冷剂流量　　D. 高压压力

2. 离心式冷水机组运行时，油过滤器堵塞，将出现（　　）现象。

A. 蒸发压力过高　　B. 油压过低　　C. 油压过高　　D. 冷却水温过高

3. 离心式冷水机组的指示仪表主要有（　　）。

A. 压力表、温度计　　B. 温度计、电压表

C. 压力表、电流表、电压表　　D. 压力表、温度计、电流表、电压表

4. 离心式冷水机组的蒸发压力过低将会引起（　　）。

A. 制冷量增大　　B. 蒸发温度升高　　C. 制冷压缩机喘振　　D. 油压过低

四、简答题

1. 简述离心式制冷压缩机发生喘振的原因，导致的后果有哪些？

2. 简述19XL系列离心式冷水机组的润滑油循环系统工作原理。

第三节　螺杆式冷水机组

一、填空题（将正确答案填写在横线上）

1. 螺杆式制冷压缩机属于____________制冷压缩机。

2. 单螺杆式制冷压缩机由一个螺杆转子、____________、______________以及输气调节滑阀组成。

3. 双螺杆式制冷压缩机是由一对相互_______的螺杆组成，其中凸螺杆叫__________，凹螺杆叫_________。

二、判断题（正确的打“√”，错误的打“×”）

1. 螺杆式冷水机组中的油压调节阀用于保证油压高于吸气压力 0.2～0.3 MPa，它也是油泵的安全阀。（　　）

2. 对螺杆式制冷压缩机的润滑油油温没有要求。（　　）

3. 螺杆式制冷机组能量调节到最小能量，约为全负荷的 15%。（　　）

4. 螺杆式制冷机组的油压过低将不会影响能量调节机构动作。（　　）

5. 螺杆式冷水机组油压高于排气压 0.2 MPa 时，制冷压缩机才能运行；而低于排气压 0.15 MPa 时，制冷压缩机将停止运行。（　　）

三、选择题（将正确答案的代号填在括号内）

1. 螺杆式制冷压缩机排出的制冷剂气体中含有大量的油，一般喷油量为排气量的（　　）左右。

A. 10%　　B. 2%　　C. 15%　　D. 5%

2. 螺杆式制冷压缩机要向气缸中喷入大量的冷冻油，但没有（　　）作用。

A. 润滑　　B. 密封　　C. 冷却　　D. 动力

3. 螺杆式制冷压缩机润滑油的油温要求在（　　）。

A. 35℃以下　　B. 35～55℃　　C. 55℃以上　　D. 无要求

4. 螺杆式冷水机组的制冷量调节是通过（　　）控制装置来实现的。

A. 膨胀阀　　B. 蒸发压力调节阀

C. 单向阀　　D. 滑阀

5. 螺杆式制冷压缩机的机体温度高，若发现油冷却管的传热效果差，应（　　）排除。

A. 调高油压　　B. 减少负荷

C. 清洗油冷却器　　D. 加油

6. 在螺杆式冷水机组的运行中，若压缩油泵油封漏油，其主要原因是（　　）。

A. 油量过小　　B. 油量过大

C. 油路堵塞　　D. 磨损

7. 螺杆式制冷压缩机广泛采用的能量调节系统的形式为（　　）。

A. 改变转子的转速　　B. 对吸入气体节流

C. 排气回流吸气腔　　D. 滑阀调节

8. 螺杆式制冷装置能量调节系统的工作原理是：通过控制工作腔的部分气体从滑阀与固定端之间的位置回流到吸入端，实现制冷量在（　　）范围内无级调节。

A. 50%～100%　　B. 10%～100%

C. 25%～100%　　D. 75%～100%

9. 螺杆式制冷压缩机的油活塞间隙过大，会使（　　）。

A. 高压降低　　B. 能量调节装置失灵

C. 制冷量减少　　D. 喷油量过大

四、简答题

1. 简述约克 YSE 型双螺杆式冷水机组的工作原理。

2. 简述螺杆式制冷压缩机的优缺点。

第四节　溴化锂吸收式冷（热）水机组

一、填空题（将正确答案填写在横线上）

1. 溴化锂吸收式冷水机组按照驱动热源分为__________和__________。

2. 直燃型溴化锂吸收式制冷机组是以燃料的燃烧为驱动热源，燃料有燃气和燃油两种，其中燃气分为________、________和________。

3. 屏蔽泵在机组中起着_______的作用，输送介质为_______的屏蔽泵称为溶液泵，输送介质为_______的屏蔽泵称为冷剂泵。

二、判断题（正确的打"√"，错误的打"×"）

1. 在溴化锂吸收式制冷系统中，溴化锂是制冷剂，水是吸收剂。（　　）

2. 溴化锂水溶液的定压比热容随着温度的升高或浓度的减小而增大。（　　）

3. 在溴化锂双效吸收式制冷循环中，高压发生器的压力与驱动热源的温度有关，一般在 46～92 kPa 范围内，热源温度高的可取较小值。（　　）

4. 溴化锂吸收式制冷机组可以采用增加换热器热量的方法来提高制冷量。（　　）

5. 溴化锂吸收式制冷机组的熔晶管可以防止结晶故障的发生。（　　）

三、选择题（将正确答案的代号填在括号内）

1. 溴化锂水溶液的密度比水大，随着水溶液浓度的增大或温度的降低，密度（　　）。

A. 增大　　B. 减小　　C. 不确定　　D. 不稳定

2. 溴化锂水溶液的 pH 保持在（　　）范围内，对金属材料尤其是钢材的缓蚀比较有利。

A. 6～7　　B. 2～3　　C. 7～8.5　　D. 9.5～10.3

3. 溴化锂水溶液的焓-浓度图中有两簇等压线，其中（　　）。

A. 上部为辅助线，下部为饱和液体线　　B. 上部为饱和液体线，下部为辅助线

C. 上部为辅助线，下部为液体线　　D. 上部为液体线，下部为辅助线

4. 在溴化锂水溶液的焓-浓度图中，横坐标表示（　　）。

A. 浓度　　B. 温度　　C. 焓　　D. 压力

5. 在溴化锂水溶液的焓-浓度图中，气相区内全部为过热蒸汽，所有的气相状态点全在（　　）的纵坐标上。

A. $\xi=10\%$　　B. $\xi=5\%$　　C. $\xi=0\%$　　D. $\xi=15\%$

6. 溴化锂双效吸收式制冷机组的热源工作蒸汽压力为（　　）MPa，由于热源温度较高，采用串联流程有结构简单、管理操作简便的优点。

A. 0.25　　B. 0.4　　C. 0.4～0.6　　D. 0.8～1

7. 溴化锂双效吸收式制冷机组溶液的串联流程是（　　）。

A. 稀溶液首先流入高压发生器，然后再流入低压发生器

B. 稀溶液分两路同时流入高压发生器和低压发生器

C. 浓溶液首先流入高压发生器，然后再流入冷凝器

D. 浓溶液分两路同时流入高压发生器和低压发生器

8. 溴化锂吸收式制冷机组中与溴化锂溶液相接触的设备是（　　）。

A. 蒸发器　　B. 冷凝器

C. 冷凝水热交换器　　D. 发生器和吸收器

9. 溴化锂双效吸收式制冷机组并联流程的溶液浓度一般取（　　）。

A. $\xi_m-\xi_a=5\%\sim10\%$，$\xi_r-\xi_m=10\%\sim15\%$

B. $\xi_m-\xi_a=2.5\%\sim3.5\%$，$\xi_r-\xi_m=1.5\%\sim2.5\%$

C. $\xi_m-\xi_a=4.5\%\sim5.5\%$，$\xi_r-\xi_m=4.0\%\sim4.5\%$

D. $\xi_m-\xi_a=1\%\sim2\%$，$\xi_r-\xi_m=3\%\sim5\%$

10. 溴化锂双效吸收式冷水机组蒸发器与吸收器的压力差为（　　）。

A. 13～65 Pa　　B. 65～96 Pa　　C. 13～65 kPa　　D. 65～96 kPa

四、简答题

1. 简述高温溶液热交换器的功能。

2. 简述直燃型溴化锂吸收式冷水机组的制冷循环原理。

第五章　空调与制冷系统的测控装置

第一节　流动与液位控制器件

一、填空题（将正确答案填写在横线上）

1. 电磁阀是一种________________，用于自动______________制冷系统供液管路。一般安装在________________之间，它和压缩机同步启停，以防止制冷剂液体大量进入蒸发器，从而使压缩机再次启动时产生_________。

2. 电磁阀根据结构分为____________和__________两种。

3. 直接作用的电磁阀由于线圈产生的磁力有限，一般只用于控制__________的阀孔。间接作用的电磁阀启闭平稳、冲击力小、噪声小，在______________中得到了广泛使用。

4. 温度式液位调节阀在制冷系统中用于控制______________、_______________等容器中的液位。

5. 电感式液位控制器主要用于对______________、________________等容器中的液位进行双位控制。

二、判断题（正确的打“√”，错误的打“×”）

1. 温度式液位调节阀的感温包中装有电加热器，其浸没在液体中，液位高则阀的开度变大，液位低则阀的开度变小或关闭。（　　）

2. 电感式液位控制器的工作原理是：将液位信号转变为电信号，从而使继电器触点通断发生变化，实现被控容器进出口管上电磁阀的启闭，将容器的液位控制在要求范围。（　　）

3. 电磁阀的作用是防止压缩机液击。（　　）

4. 间接式电磁阀通常用在大型制冷空调设备管路中。（　　）

5. 温度式液位调节阀的感温包中装有电加热器，当容器的液位上升至接触到感温包时，感温包中的热量会散发，压力下降，带动阀针开度变小或完全关闭。反之，使阀开度变大，系统供液量增加。（　　）

6. 电磁阀通常安装在蒸发器与制冷压缩机之间的吸气管道上。（　　）

三、多项选择题（将正确答案的代号填在括号内）

1. 在制冷设备中可以直接控制液位的装置是（　　）。

A. 低压浮球阀　　　　B. 高压浮球阀

C. 直接作用式水量调节阀　　　　D. 间接作用式水量调节阀

2. 制冷设备中可以直接控制蒸发器液位的装置包括（　　）。

A. 高压浮球阀　　B. 低压浮球阀

C. 电感式液位控制器　　D. 温度式液位控制器

E. 直接作用式水量调节阀

3.（　　）常用于溴化锂机组的液位控制。

A. 温度式液位调节阀　　B. 电感式液位控制器

C. 电极式液位控制器　　D. 浮球式液位控制器

4. 间接作用式电磁阀与直接作用式电磁阀的不同之处在于（　　）。

A. 利用衔铁带动阀针，开启浮阀上小孔，使浮阀上下腔产生压力差，带动主阀升起

B. 直接利用衔铁上升带动阀针的开启、闭合

C. 适用于控制直径小于 3 mm 的阀孔

D. 防止压缩机液击

5.（　　）故障是间接作用式电磁阀所特有的。

A. 活塞式浮阀组件卡死　　B. 阀体装配错误

C. 电磁线圈断路　　D. 衔铁卡死

6. 间接作用式电磁阀的故障包括（　　）。

A. 活塞式浮阀组件卡死　　B. 电磁线圈短路

C. 阀体装配错误　　D. 电磁线圈断路

E. 衔铁卡死

7. 温度式液位调节阀用于控制满液式蒸发器，（　　）的安装位置决定了液面的高度。

A. 带电加热器的感温包　　B. 外平衡杆

C. 调节阀体　　D. 热力头

8. 温度式液位调节阀的主要技术参数有（　　）。

A. 制冷剂　　B. 介质温度　　C. 最高工作压力　　D. 最高试验压力

E. 感温包

9. 下列不属于电感式液位调节阀的故障是（　　）。

A. 浮球泄漏　　B. 热力头泄漏　　C. 放大器损坏　　D. 电感线圈断路

10. 电感式液位调节阀的常见故障包括（　　）。

A. 浮球泄漏　　B. 热力头泄漏　　C. 放大器损坏　　D. 电感线圈损坏

E. 带电加热的感温包泄漏

四、简答题

常用流动与液位控制器件有哪几种？试说明各自的特点及适用场合。

第二节 压力与温度控制器

一、填空题（将正确答案填写在横线上）

1. 在制冷系统中，若冷凝压力过高，会造成压缩机________________；若冷凝压力过低，则使制冷系统不能正常工作，造成制冷量______________。因此，必须对冷凝压力进行控制。

2. 水冷式冷凝器冷凝压力的调节是通过________________来实现的。

3. 冷却水的流量控制方法是通过________________和________________来实现的。

4. 蒸发压力调节阀主要用于____________________，可分为直接作用和间接作用两种。

5. 曲轴箱压力调节阀用来________________，防止压缩机因吸气压力过高而引起电动机过载，它一般安装在________________。

6. 冷媒温度调节阀是以______________作为信号对蒸发器_____________进行调节的一种能量调节阀。

二、判断题（正确的打“√”，错误的打“×”）

1. 当吸气压力低于设定值时，压缩机进、排气旁通能量调节阀会自动打开，使部分高压制冷剂气体直接旁通到吸气管，可防止吸气压力进一步降低，同时使压缩机制冷量下降。（　　）

2. 压缩机进、排气旁通能量调节阀调节制冷量这种方式比较经济，可以用在大型制冷装置中。（　　）

3. 当感温包感受到冷却水出口处水温升高时，直接作用的温度控制水量调节阀阀芯移动，阀开大；当水温降低时，阀关小。（　　）

4. 曲轴箱压力调节阀的作用是控制曲轴箱油压。（　　）

5. 直接作用式蒸发压力调节阀不属于电控阀门，应用在蒸发压力恒定和单压缩机带多种蒸发温度蒸发器的场合。（　　）

6. 蒸发压力调节阀是一种电控自动阀门，应用在蒸发压力变化迅速的场合。（　　）

三、多项选择题（将正确答案的代号填在括号内）

1. 在一个制冷系统中，若存在两个蒸发温度不同的蒸发器，则蒸发压力调节阀应装在（　　）的管道上。

A. 蒸发温度低的蒸发器入口　　B. 蒸发温度低的蒸发器出口
C. 蒸发温度高的蒸发器入口　　D. 蒸发温度高的蒸发器出口

2. 直接作用式蒸发压力调节阀的常见故障有（　　）。
A. 阀体泄漏　　B. 导阀卡死
C. 弹簧折断　　D. 阻尼失灵
E. 波纹管泄漏

3. 不属于温度控制的直接作用式水量调节阀的故障是（　　）。
A. 波纹管泄漏　　B. 感温包泄漏
C. 导阀阀芯卡死　　D. 压力顶杆卡死

4. 温度控制的间接作用式水量调节阀常见的故障是（　　）。
A. 导阀阀芯卡死　　B. 压力顶杆卡死
C. 感温包泄漏　　D. 波纹管泄漏
E. 过滤网堵塞

5. 选择手动复位型高低压压力控制器时，下列不需要整定的参数是（　　）。
A. 高压动作值　　B. 低压动作值
C. 高压差动值　　D. 低压差动值

6. 典型能量调节阀的特点是（　　）。
A. 热气直通能量调节方式，受阀后压力控制的微分型调节阀
B. 热气旁通能量调节方式，受阀后压力控制的比例型调节阀
C. 热气节流能量调节方式，受阀前压力控制的积分型调节阀
D. 热气膨胀能量调节方式，受阀前压力控制的双位型调节阀

7. 典型的能量调节阀（　　）。
A. 对制冷系统的冷凝压力进行调节
B. 采用热气旁通的能量调节方式
C. 是受阀后压力控制的比例型调节阀
D. 连接在压缩机排气与吸气的旁通管上
E. 用来控制压缩机吸气温度，防止电动机过载

四、简答题

常用压力与温度控制器有哪几种？试说明各自的特点及适用场合。

第三节　空调系统参数测量仪表

一、填空题（将正确答案填写在横线上）

1. 双金属温度计是固体膨胀式温度计的一种。温度计的感温元件是____________________________。当温度发生变化时，双金属片便开始向膨胀系数小的一边弯曲，其弯曲程度与______________成正比。

2. 液体温度计利用玻璃管内的液体（如水银、酒精）_______________来测量温度。

3. 水银温度计的测温范围为___________，酒精温度计的测温范围为___________。

4. 双金属温度计的最大优点是________________。国内生产的双金属温度计测量范围在__________，但精度较低。

5. 将两种不同材质导体的两端互相焊接或绞接形成一个闭合回路，只要两个节点处的温度不同，组成的回路内就有__________，这种现象称为_________，又称__________。热电偶温度计就是按照热电效应的原理设计制作的。

6. 热电偶温度计多用于_________及一般___________以上测量，热电阻温度计测量的范围为__________，效果较好。

二、判断题（正确的打“√”，错误的打“×”）

1. 叶轮风速仪对微风感应灵敏，主要用于空调房间内气流速度的测量。（　　）

2. 在具有正压的管道中，使用倾斜式微压计与皮托管测量静压，则将仪器的“－”接头接在皮托管静压接头上。（　　）

3. 选用温度测量仪表，正常使用的范围一般为量程的 20% ～ 90%。（　　）

4. 压力表、温度计、电磁阀、调节阀等均应定期检查试验，一般每年校验一次。（　　）

5. 测量相对湿度的仪器有固定式干湿球温度计、通风式干湿球温度计以及电容式湿度计等。（　　）

6. 使用通风干湿球温度计时，要将风扇开动几分钟，稳定后再进行读数。（　　）

7. 通风干湿球温度计的测量精度较高，可用来检查和校核普通干湿球温度计。（　　）

三、选择题（将正确答案的代号填在括号内）

1. 倾斜式微压计（　　）。

A. 可以单独使用测量压力　　B. 可以单独使用测量压差

C. 与皮托管联合使用测量压力　　D. 与皮托管联合使用测量压差

2. 使用倾斜式微压计与皮托管测量管道压力时，其接法要根据管道内的（　　）而定。

A. 流速　　B. 压力　　C. 直径　　D. 半径

3. 使用大气压力计要考虑（　　）的影响。

A. 湿度　　B. 温度　　C. 风速　　D. 季节

4. 测量大气压力使用（　　）。

A. 倾斜式微压计与皮托管　　B. 专用大气压力计

C. U 型压力计　　D. 弹簧管式压力计与修正表

5. 无法测定空气状态的仪器是（　　）。

A. 通风干湿球温度计　　B. 普通干湿球温度计

C. 温度计和相对湿度计　　D. 干球温度计和风速仪

6. 无法测定空气状态的仪器是（　　）。

A. 通风干湿球温度计　　B. 热球式风速仪和温度计

C. 固定干湿球温度计　　D. 相对湿度计和温度计

7. 使用通风干湿球温度计前，要向湿球纱布充（　　）。

A. 自来水　　B. 蒸馏水　　C. 酒精　　D. 盐水

8. 使用通风干湿球温度计前，要将仪器放置在所要测量的环境中，使仪器的温度（　　）。

A. 低于湿球的温度　　B. 高于湿球的温度

C. 等于环境的温度　　D. 等于环境的露点温度

9. 可以在焓-湿图中标出空气状态点的仪器是（　　）。

A. 双金属温度计　　B. 热电偶温度计　　C. 干湿球温度计　　D. 半导体点温计

10. 测定风量的仪器有（　　）。

A. 机械型、散热率型和动力测压型等　　B. 叶轮型、散热率型和静力测压型等

C. 机械式、转杯式和压力测压型等　　D. 机械型、散热率型和压差型等

11. 机械型测定风量的仪器有（　　）两大类。

A. 叶轮式和杯式　　B. 转杯式和压力式

C. 静力测压式和杯式　　D. 动力测压式和杯式

12. 叶轮式风速仪适用于测量（　　）。

A. 微风　　B. 很强的风　　C. 湿度较大的风　　D. 湿度较小的风

13. 叶轮式风速仪适合测量（　　）。

A. 风道内的气流速度　　B. 表冷器中的气流速度

C. 空调房间内的气流速度　　D. 新风、送回风口的气流速度

14. 湿敏元件吸湿、放湿时，（　　）发生变化，电阻式湿度计即依此原理制成。

A. 电容值　　B. 电阻值　　C. 电感值　　D. 电压值

15. 水银（或酒精）玻璃管温度计适用于（　　）℃范围测温。

A. −30～550　　B. −60～550　　C. −120～550　　D. −200～1 600

16. 压力式温度计的测温范围为（　　）℃。

A. −30～550　　B. −60～550　　C. −120～550　　D. −200～1 600

17. 电阻式温度计的测温范围为（　　）℃。

A. −30～550　　B. −60～550　　C. −200～550　　D. −200～1 600

18. 用普通温度计测出的空气温度称为（　　）。

A. 空气温度　　B. 露点温度　　C. 干球温度　　D. 湿球温度

19. 要准确测量湿球温度，要求空气流速为（　　）m/s。

A. 1～2　　B. 2～3　　C. 3.5～8　　D. 6～12

20. 斜管式压力计的测量范围为（　　），用于测量较小压差，并提高测量精度。

A. 13～210 kPa　　B. 0～1 500 Pa　　C. 2 000 Pa 以内　　D. 5～20 kPa

21. 机械式风速仪中翼形叶轮的测量范围为（　　）m/s。

A. 0.5～5　　B. 0.5～10　　C. 1～20　　D. 1～40

22.（　　）适用于测量管道内空气或其他气体的流速。

A. 动力测压法　　B. 机械式风速仪

C. 热线风速仪　　D. 热球风速仪

四、简答题

常用温湿度测量仪表有哪几种？试说明各种仪表的特点及适用场合。

第六章　空调系统的自动控制

第一节　中央空调的自动控制原理

一、填空题（将正确答案填写在横线上）

1. 中央空调自动控制系统一般由________、________、________、________、________五个部分组成。

2. 传感器的作用是将温度、压力、湿度、风速等物理量转化为________。

3. 控制器又称调节器，作用是将变送器送出来的信号与设定值比较后得到______，进行____。

4. 自动控制的基本类型有________、________、________、____________、________。

5. 当输入信号发生变化后，输出信号只有两个值的调节器，称为________。

6. 以温度控制为例，双位控制的________是指规定一个适当的温度范围，使温度控制器在达到上限位温度值时，触点能自动______；达到下限位温度值时，触点能自动断开。在上下限位温度值中间，温度控制器________。

二、判断题（正确的打“√”，错误的打“×”）

1. 差动对双位调节的过程不利，需要避免。（　）
2. 比例系数越大，调节系统越易稳定，但静态偏差增大。（　）
3. 对于积分控制器，只要被控量存在偏差，控制作用就一直存在。（　）
4. 容量系数就是放大系数。（　）
5. 自平衡能力是指受到干扰后，在没有调节器的作用下对象恢复到新的稳定状态的能力。（　）
6. 迟延总是会产生对调节过程不利的影响。（　）
7. 放大系数 K 表示静态特性，它与被控参数的变化过程无关，只与过程的始态与终态数值有关，K 值越大，表示输入信号对输出信号的稳定值影响越大。（　）

三、选择题（将正确答案的代号填在括号内）

1. 在夏季空调温度控制中使用的温度双位控制器，在调整时要整定（　　）两个参数。

A. 温度设定值和幅差范围　　B. 温度保护值和幅差范围
C. 温度设定值和温度整定值　　D. 温度检测值和温度设定值

2. 普通交流电动机的电子温度调节电路的控制规律是（　　）。

A. 双位控制　　B. 比例控制　　C. 比例-微分控制　　D. 比例-积分控制

3. 制冷与空调设备上使用的靶式流量开关的控制规律是（　　）。

A. 微分控制　　B. 积分控制　　C. 双位控制　　D. 比例控制

4. 电子温度控制器的温度检测电路普遍利用传感器的（　　）。

A. 线性特性，将温度线性变化转换为电容量变化

B. 线性特性，将温度线性变化转换为非线性量变化

C. 电感特性，将温度升降变化转换为电感量变化

D. 温度特性，将温度升降变化转换为电阻值升降变化

5. 由于微分调节规律有超前作用，因此调节器加入微分作用主要是用来（　　）。

A. 克服调节对象的惯性滞后（时间常数 T）、容量滞后 τ_c 和纯滞后 τ_0

B. 克服调节对象的纯滞后 τ_0

C. 克服调节对象的惯性滞后（时间常数 T）、容量滞后 τ_c

D. 克服调节对象的惯性滞后（时间常数 T）

6. 比例控制依据（　　）来动作，它的输出变化与输入偏差的大小成比例，调节及时，有余差。

A. 偏差的大小　　B. 偏差是否存在　　C. 偏差的变化速度　　D. 静态偏差

7. 积分控制依据（　　）来动作，它的输出变化与偏差对时间的积分成比例，只有当余差完全消失，积分作用才停止。其根本作用是消除余差。

A. 偏差的大小　　B. 偏差是否存在　　C. 偏差的变化速度　　D. 静态偏差

8. 微分控制依据（　　）来动作，它的输出与输入偏差的变化速度成比例，其实质和效果是阻止被控参数的一切变化，有超前控制的作用。

A. 偏差的大小　　B. 偏差是否存在　　C. 偏差的变化速度　　D. 静态偏差

9. 制冷空调系统中常用的热力膨胀阀、恒压膨胀阀、能量旁通调节阀、吸气压力调节阀、水量调节阀等，都是（　　）调节器。

A. 微分型　　B. 积分型　　C. 双位型　　D. 比例型

四、简答题

1. 试画出自动控制系统的组成框图，并简述各部分的作用。

2. 请以夏季室温控制为例，简述自动控制原理。

第二节　温度自动控制

一、填空题（将正确答案填写在横线上）

1. 温度控制系统根据控制器输入信号的个数分为____________和_____________。

2. 单脉冲温度控制系统的感温元件置于空调器____________，只感受______________。

3. 双脉冲温度控制系统设有两个________，分别置于空调器________，感受________和____________。

4. 空气调节系统采用的感温元件有__________、____________、________________等。

5. 在冬季空调中，多采用______或______作为空气加热器的热源。低压蒸汽一般为____________，热水通常为__________。

6. 冬季空气调节加热温度的控制，根据工作系统不同，有____________________和____________________。

二、判断题（正确的打"√"，错误的打"×"）

1. 空调温度控制的基本原理是将感温元件置于空调器的出口端，感受送风温度，将送风温度传送给控制器，与设定值比较，控制空气冷却器或加热器的冷、热媒流量，属于双位控制。（　　）

2. PTC 称为负温度系数热敏电阻。（　　）

3. NTC 称为负温度系数热敏电阻。（　　）

4. 在集中式空调制冷系统中，常采用单脉冲双位温度控制器来控制室内温度。（　　）

三、选择题（将正确答案的代号填在括号内）

1. 在夏季空调系统中使用温度控制器和供液电磁阀实现温度控制的调节方式，控制规律属于（　　）。

A. 微分控制　　B. 积分控制　　C. 双位控制　　D. 比例控制

2. 在直接冷却系统中，通过膨胀阀的节流作用向空气冷却器提供一定数量的制冷剂，保证制冷循环的正常运行，控制规律属于（　　）。

A. 双位控制　　B. 比例控制　　C. 比例-微分控制　　D. 比例-积分控制

3. 间冷式表冷器的送风温度控制一般采用（　　）。

A. 调节热力膨胀阀的开启度

B. 电磁阀通断调节

C. 三通调节阀调节水流量或调节冷水温度

D. 两通电磁阀

4. 冬季空调空气加热系统的控制原理为（　　）。

A. 手动调节热水阀或蒸汽阀开启度

B. 控制空气流量

C. 控制空气流速

D. 由敏感元件输出信号，通过控制器直接或间接启闭热媒的供给控制空气加热温度

5. 主阀必须与其配合使用才能发挥作用的执行器是（　　）。

A. 膨胀阀　　B. 压力调节阀　　C. 导阀　　D. 水量调节阀

四、简答题

简述冬季空调空气加热系统中采用间接作用式温度控制空气加热温度的原理。

第三节　湿度自动控制

一、填空题（将正确答案填写在横线上）

1. 空气的湿度控制一般是指对__________的控制，根据舒适空调的要求，夏季空气相对湿度 $\varphi=40\%\sim70\%$，冬季空气相对湿度 $\varphi=30\%\sim60\%$。

2. 室内空气相对湿度的调节方法有______、______、______。

3. 露点法用于____系统中，将敏感元件放在_____后，控制露点温度至一定值。因露点的相对湿度基本保持一致，所以处理后空气含湿量可控制在一定范围内。

4. 目前空调中采用的湿度测量元件有各种______、______、尼龙膜、______等。

5. 在一般空调湿度控制中，一类是控制室内空气相对湿度不大于或不小于某一给定值，即采用________；另一类是控制室内空气相对湿度在某一给定值范围之内，即__________。

二、判断题（正确的打“√”，错误的打“×”）

1. 空气含湿量控制就是空气中水的含量控制。（　　）

2. 对于一次回风空调器的定露点恒温恒湿控制，夏季为冷却减湿过程，典型控制方法为露点温度控制系统、一次加热器控制系统和室温控制系统的有机组合。（　　）

3. 对于变露点恒温恒湿的空调系统，其控制特点是将温、湿度传感器均放在被调房间内，及时感知温、湿度变化，调节加热量和加湿量，以满足室内温、湿度控制精度要求。（　　）

4. 湿度控制一般是指控制空气的含湿量。（　　）

三、选择题（将正确答案的代号填在括号内）

1. 下列中不是常用湿度控制器的是（　　）。

A. 干湿球湿度控制器　　B. 毛发、尼龙薄膜湿度控制器

C. 电阻式湿度控制器　　D. 光学湿度控制器

2. 当干湿球湿度控制器的敏感元件采用电阻时，利用两只电阻将空气相对湿度 φ 转变为（　　），该感应信号再被引入桥式测量电路，反映出不平衡电压，此电压与给定值比较后再输入放大器作为控制器的输出信号，通过执行机构完成对空气湿度的控制。

A. 压力差　　B. 温度差　　C. 电流　　D. 电压

3. 电阻式湿度控制器是利用对空气湿度敏感的吸湿材料吸湿或放湿后（　　）相应成正比例变化的原理制成。

A. 电流值　　B. 电压值　　C. 电阻值　　D. 温度值

4. 当双位式湿度控制器的空气相对湿度降低到低于相对湿度给定值下限时，开启（　　），则空气被加湿，反之，停止空气加湿。

A. 供液电磁阀　　B. 压力调节阀　　C. 水量调节阀　　D. 加湿电磁阀

5. 对于一次回风空调器的定露点恒温恒湿控制，夏季为冷却减湿过程，典型控制方法为（　　）。

A. 露点湿度控制系统，一次加热器控制系统和室温控制系统有机组合

B. 露点温度控制系统，一次加热器控制系统和湿度控制系统有机组合

C. 露点温度控制系统，二次加热器控制系统和室温控制系统有机组合

D. 露点温度控制系统，加湿器控制系统和湿度控制系统有机组合

四、简答题

简述电阻式湿度控制的基本原理。

第四节　风量、风速自动控制

一、填空题（将正确答案填写在横线上）

1. 风量控制就是设法稳定__________，保证各风管一定的__________。

2. 在空调送风系统中，部分房间空气分配器的送风量改变或出风口被关闭，会引起送风系统风压变化，造成其他房间__________、__________及__________。

3. 风量控制系统主要由__________及__________组成。

4. 在集中式空调系统中常采用的送风量控制方法有：__________、多余空气旁通法、__________、__________。

5. 静压调节按照安装位置不同分为__________、__________。

6. 管系静压调节方法有__________、__________、__________。

二、判断题（正确的打“√”，错误的打“×”）

1. 风量控制就是对风管静压的控制。（　　）

2. 风量控制的目的是解决中央集中式空调系统中各房间风量调节相互干扰问题。（　　）

3. 风管静压控制的静压值与送风系统无关，不同的送风系统都选择同一静压控制。（　　）

4. 空气回流旁通调节法能实现风机节能。（　　）

三、选择题（将正确答案的代号填在括号内）

1. 风管系统的阻力和风量有如下关系：$H=KL^2$，式中（　　）。

   A. K 为阻力特性系数，L 为风管内风量

   B. K 为风管内风量，L 为阻力特性系数

   C. K 为阻力特征系数，L 为风管内风速

   D. K 为风管内风速，L 为阻力特征系数

2. 风管内测定风量的计算公式为（　　）。

   A. $L=3\ 600\ Fv$（m^2/h）　　B. $L=3\ 600\ Fv$（m^3/h）

   C. $L=3\ 600\ Fv$（m^2/s）　　D. $L=3\ 600\ Fv$（m^3/min）

3. 当全空气一次回风系统的室内负荷减小时，可以关小送风口的风阀，但却使（　　）增加。

   A. 风机的功耗　　B. 风机回风口风量

   C. 排风口风量　　D. 风机的出风口阻力

4. 房间送风量过大不可能是由（　　）造成的。

   A. 风口阀门开得过大　　B. 风机传动带轮松弛

   C. 风机选择不当　　D. 风机盘管调速器挡位设置过高

5. 有些风口出风量过小的原因是（　　）。

A. 管道阻力过小　　B. 风机功率太大

C. 支风管阀门开度过小　　D. 出风口阀门开度过大

四、简答题

简述风量调节及风管内静压调节的目的。

第五节　综合控制系统

一、填空题（将正确答案填写在横线上）

1. 综合控制系统分为______________和______________两种类型。

2. 自动式控制是通过________直接把信号传递给________的执行机构。执行机构自动地调节开度，实现对______、______、______等参数的控制，如热力膨胀阀就属于此类。

3. 电子式控制是通过_______________把信号传递给控制器的机械变位机构，进而改变____________位置，再通过_________________，实现对空调冷、热源的能量调节，完成空调空气参数控制。

4. 电子式控制一般采用____________，把信号传递给____________，并通过选择、放大后实现对冷、热、湿源能量的控制及新风、回风和排风的调节。

二、判断题（正确的打“√”，错误的打“×”）

1. 空调系统的综合控制包括温度、湿度及风管静压的控制。（　　）

2. 直冷式综合控制系统的空气冷却器铜管内流动的是冷媒水。（　　）

3. 间冷式综合控制系统的空气冷却器铜管内流动的是制冷剂。（　　）

4. 直冷式空调系统的温度控制一般采用双位控制。（　　）

三、选择题（将正确答案的代号填在括号内）

1. 在间冷式单风管空调系统中，冬季空气温度的控制一般采用（　　）。

A. 双位控制　　B. 比例控制　　C. 比例-微分控制　D. 比例-积分控制

2. 全空气一次回风单风管系统的全年运行自动控制方案如下：在第一阶段使（　　）处于最小开度，而（　　）阀门处于最大开度，（　　）处于最小开度。

A. 新风　一次回风　排风　　B. 一次回风　新风　排风

C. 一次回风　排风　新风　　D. 一次回风　二次回风　新风

3. 全空气一次回风单风管系统的全年运行自动控制方案如下：在第二阶段开大（　　），关小（　　）阀门，相应开大（　　）阀门，直接控制室内相对湿度。

A. 一次回风　二次回风　新风　　B. 一次回风　新风　排风

C. 一次回风　排风　新风　　D. 新风　一次回风　排风

4. 全空气一次回风单风管系统的全年运行自动控制方案如下：在第三阶段逐步开大至全开（　　），关闭（　　）阀门，湿度控制启用制冷装置对空气减湿或加湿，室温控制通过再热器的再热量完成。

A. 一次回风　新风　　B. 新风　一次回风

C. 一次回风　排风　　D. 排风　新风

5. 在一次回风的全年运行空调自动控制方案中，增加一组（　　），可以在第四阶段利用两次回风调节室内温度，保持最小新风比，保持室内的温度，节省再热量，提高装置运行经济性。

A. 一次、二次回风联动阀门　　B. 二次回风阀

C. 一次回风阀　　D. 新风调节阀

四、简答题

简述直冷式综合控制系统的基本原理。

第七章　空调系统的使用与维护

第一节　集中式空调系统的使用与操作

一、填空题（将正确答案填写在横线上）

1. 集中式空调系统是__________、__________、____________的全空气系统，主要由__________、空气热湿处理系统、__________、__________等组成。

2. 夏季时，空调系统应首先__________，然后再启动其他设备。为防止风机启动时其他电动机超负荷，在启动风机前，应先关闭__________，待风机运行起来后再逐步开启阀门。

3. 很多大面积房间（如商场、影剧院、体育馆、展览厅等）的舒适性空调都采用了以柜式风机盘管为主要空调设备的________加________中央空调系统。

4. ____________________和______________________开机前的检查与准备工作，因设备准备投入运行前的状态不同，________与________工作的内容也略有差别。

5. 组合式空调对于双风机的机组要稍加注意，风机应________________地启动，而且要在一台风机的______________正常后才能启动另一台。启动顺序一般是先开________________，后开________________，以保证空调房间不形成负压。

二、判断题（正确的打“√”，错误的打“×”）

1. 空调系统的正确使用与良好的维护管理是一项细致、复杂的工作。（　　）

2. 空调系统启动前要根据冬、夏季节的不同特点确定启动方法。（　　）

3. 如果接班人员没有进行认真的检查和询问了解情况而盲目地接班后，发现上一班次出现的所有问题均由上一班次负全部责任。（　　）

4. 空调系统运行管理很重要的一环是运行调节，调节方法很多。（　　）

5. 空调系统停机分为正常停机和事故停机两种情况。（　　）

三、选择题（将正确答案的代号填在括号内）

1. 空调系统启动前的准备工作不包括（　　）。

A. 检查电动机　　B. 检查管路系统　　C. 检查供配电系统　D. 检查室外风速

2. 空调系统的运行管理不包括（　　）。

A. 值班人员的职责　　B. 空调系统正常运行时的巡视

C. 服装穿戴　　D. 空调系统运行调节

3. 空调系统运行中的交接班制度不包括（　　）。

A. 接班人员到岗时间　　B. 设备运行各项数据

C. 交接班责任认定　　D. 写字楼内人员数量

4. 对于双风机配置的机组的停机，要先停（　　），避免房间产生负压。

A. 电源　　B. 回风机　　C. 送风机　　D. 水泵

四、简答题

1. 集中式空调系统由哪几部分组成？组合式空调机组有哪些优点？

2. 柜式风机盘管和组合式空调机组日常开机前的检查与准备工作有哪些？试举例说明。

第二节　集中式空调系统的故障分析和排除方法

一、填空题（将正确答案填写在横线上）

1. 操作者在启动并运行空调系统前，应对空调系统设备的__________、__________、__________、使用维护及技术安全方面的知识进行全面的学习和实际操作技能的训练，经过__________合格后，持证上岗。

2. 在完成“三好”的基础上还应做到“四会”：__________、__________、__________、会排除简单的运行故障。

3. 空调系统的操作者上岗后要遵守“三好”原则，一是__________；二是__________；三是__________。

4. 空调系统日常维护的四项基本要求是：__________、__________、__________、__________。

二、判断题（正确的打“√”，错误的打“×”）

1. 空调系统操作者维护时需要认真遵守“四好”“三会”原则。（　　）

2. 空调风道隔热板脱落，保温性能下降，应检查所有接缝处的密封性能，更换不合格的垫圈，进行补漏。（　　）

3. 制冷系统喷水室喷嘴堵塞，应清洗喷水系统和喷嘴头。 ( )

4. 室内空气质量不达标是由风机噪声过大造成的。 ( )

5. 空调送风口风速过大可通过增大送风口面积或增加风口数量来解决。 ( )

三、选择题（将正确答案的代号填在括号内）

1. 下列不是室内温度、相对湿度均偏高的原因的是（ ）。
   A. 制冷系统冷量不足 B. 喷水室喷嘴堵塞
   C. 表冷器结霜，造成堵塞 D. 消声器损坏

2. 下列不是室内送风口气流速度超过允许流速的原因的是（ ）。
   A. 风道堵塞 B. 送风口风速过快
   C. 总送风量过大 D. 送风口的形式不合适

3. 室内噪声大于设计要求的原因是（ ）。
   A. 风管系统消声设备损坏 B. 过滤器效率达不到要求
   C. 系统中有堵塞现象 D. 送风量不足

四、简答题

1. 简述喷水室喷嘴喷水雾化不够，热、湿交换性能不佳的处理方法。

2. 风道容易发生的故障有哪些？

第三节　风机盘管机组的运行调节及维护

一、填空题（将正确答案填写在横线上）

1. 风机盘管机组的运行调节一般分为两部分，一是由使用者根据__________来调节，二是通过__________控制方式来调节。

2. 风机盘管机组运行时的调节方法可分为__________调节方法和__________调节方法两种形式。

3. 风机盘管机组夏季供给的冷媒水温度应不低于______，冬季供给的热媒水温度应不高于______，水质要清洁、软化。

4. 当室外空气温度______到某一值时，只采用新风就能吸收室内的显热负荷，此时只要向机组盘管内______________，即可以达到季节调整的需要。

5. 风机盘管在运行时，若盘管与翅片之间有__________，就用__________吹除，若发现盘管有________________发生泄漏时，应及时用__________进行补漏，或更换。

6. 风机盘管机组在使用过程中由于要进行___________水倒换，因此管道中会进入__________而产生锈渣积存在管道中。

7. 风机盘管的工作状态和质量不仅影响到其发挥__________的效果，而且影响到室内的__________和__________。

8. 盘管的清洁方式可参照________________的清洁方式进行，但清洁周期可以长一些，一般__________清洁一次。

二、判断题（正确的打“√”，错误的打“×”）

1. 风机盘管机组可利用高、中、低三挡风量调速装置，改变风机盘管的空气循环量。 （　　）

2. 当室内的冷负荷增加时，水量调节会加大盘管中冷媒水的流量，以增加冷媒水的吸热能力。 （　　）

3. 风机盘管的风量调节只能是用挡位调节的方法调节。 （　　）

4. 若回水管上备有手动放气阀，运行前需要手动把放气阀打开。 （　　）

5. 机组风扇叶片长时间运转过程中会黏附许多灰尘，这样不会影响风机的工作效率。 （　　）

6. 风机盘管机组都装有空气过滤器，以作为对室外新风或回风空气净化滤尘之用。 （　　）

7. 风机盘管机组在使用时为防止盘管及进出水管结垢，应对冷媒水做软化处理。 （　　）

8. 接水盘一般每年清洗两次，如果风机盘管只是季节性使用，则在使用结束后清洗一次。 （　　）

三、选择题（将正确答案的代号填在括号内）

1. 风机盘管上风扇电动机采用的轴承是（　　）。

A. 不锈钢轴承　　B. 普通轴承

C. 滚珠间隙大的轴承　　D. 双面带防尘盖的轴承

2. 对风机盘管风量调节方法叙述错误的是（　　）。

A. 三速手动调节　　B. 无级自动调节

C. 温差大，风机转速高　　D. 三通电动调节阀调节

3. 下列关于风机盘管中风机不转的原因描述错误的是（　　）。

A. 电压太低　　B. 电容质量不好

C. 开关接触不良　　D. 风机盘管内有空气

4. 下列不会使风机盘管出风口的风不凉或不热的是（　　）。

A. 风机盘管内有空气　　B. 供水循环停止

C. 调节阀关闭　　D. 接水盘倾斜

四、简答题

1. 简述风机盘管机组的特点。

2. 风机盘管冷热风效果不良的原因有哪些？试举例说明。

3. 风机盘管漏水的原因有哪些？试举例说明。

第四节　风机的日常维护及常见故障的处理方法

一、填空题（将正确答案填写在横线上）

1. 风机要按顺序启动，若风机启动后发现____________，停机后需等叶轮____________后才能再次启动。

2. 风机运转过程中如出现异常，特别是________、________、________或产生焦煳味，应立即停机。

3. 风机的检查分__________和__________，检查风机的状态不同，检查内容也不同。

4. 停机期间应对以下几方面进行检查和保养：______、各连接螺母、________、轴承。

二、判断题（正确的打“√”，错误的打“×”）

1. 机壳或进风口与叶轮摩擦会使轴承箱剧烈振动。（　　）
2. 轴承箱剧烈振动会使轴承温升过高。（　　）
3. 风机出现故障时可以继续运行。（　　）
4. 风机运行检查是一项不能忽视的重要工作。（　　）

三、选择题（将正确答案的代号填在括号内）

1. 对风机运转时要监测的内容描述错误的是（　　）。
   A. 电动机的电流　　B. 电动机的声音
   C. 电动机的温度　　D. 用手盘动叶轮
2. 下列不是风机日常维护内容的是（　　）。
   A. 测量风压　　B. 测量换热器温度
   C. 监听振动和噪声　　D. 给轴承加润滑油
3. 下列情况不会造成风压不足或过大的是（　　）。
   A. 风机旋转方向　　B. 管道局部堵塞
   C. 冷媒水不足　　D. 风机不匹配
4. 叶轮与进风口或机壳摩擦不会发生的情况是（　　）。
   A. 轴承松动　　B. 叶轮不在风口正中
   C. 叶轮变形　　D. 传动带过松

四、简答题

1. 风机的运行监测主要有哪几项内容？

2. 简述风机运行检查的重要性。

第五节　水泵与冷却塔常见故障的处理方法

一、填空题（将正确答案填写在横线上）

1. 当泵房设在地面上时，可用地脚螺栓将水泵直接固定在__________上。若泵房设在楼板上，则可将水泵安装在__________上。

2. 对采用_________的水泵，不准在___________运转，调试水泵时，也只可做_________。

3. 膨胀水箱一般设置在水系统的____________，其底部高出出水管路的最高点______，可以兼有________和______________的功能。

4. 膨胀水箱由钢板制作而成，有______________________两种。

5. 冷却塔是利用水和空气的接触，通过__________来散去制冷空调中产生的__________的一种设备。

二、判断题（正确的打“√”，错误的打“×”）

1. 如遇水泵叶轮损坏或轧入异物时，应拆下后盖，拉出轴和叶轮进行检修。（　　）
2. 如果吸水管路漏气，可能是法兰螺栓松动造成的。（　　）
3. 当水温升高时，膨胀水箱系统内的水会减少。（　　）
4. 冷却塔冷却水的过程属热、质传递过程。（　　）

三、选择题（将正确答案的代号填在括号内）

1. 不安装地脚螺栓的水泵需要在水泵下面加装（　　）。
   A. 螺母　　B. 垫片　　C. 减震垫　　D. 水管
2. 膨胀水箱具有（　　）作用。
   A. 减震　　B. 定压和补水　　C. 换热　　D. 软化水
3. 空气的（　　）温度是冷却塔冷却的极限温度。

A. 干球　　B. 湿球　　C. 露点　　D. 冷却水

4. 冷却塔冷却水的过程是（　　）传递过程。

A. 水量　　B. 热、质　　C. 制冷剂　　D. 风量

四、简答题

1. 简述膨胀水箱的作用。

2. 冷却塔的工作原理是什么？

第八章　冷水机组的运行管理

第一节　运行管理的基本内容及操作规程

一、填空题（将正确答案填写在横线上）

1. 制冷设备的管理是指对制冷设备的__________、__________、__________及设备的__________的全过程处理。

2. 制冷设备的操作规程的试运行程序包括________________、_________________等。

二、简答题

1. 冷水机组的运行管理主要包括哪些工作内容？

2. 制冷设备交接班的操作规程有哪些？

第二节　活塞式冷水机组的运行管理

一、填空题（将正确答案填写在横线上）

1. 活塞式机组开机前的检查与准备，分为__________和__________的检查与准备。

2. 制冷压缩机制冷剂 R22 的吸气温度比蒸发温度高______，排气温度不超过______。

3. R22 高压保护的断开值为______，闭合值比断开值低________；低压保护断开值的大小应调整为____，但不低于 0.01 MPa。

二、判断题（正确的打“√”，错误的打“×”）

1. 活塞式制冷压缩机不存在余隙容积。（　　）

2. 在活塞式机组年度开机前，检查并调节油压差控制器的保护动作值。有能量调节装置时，油压差控制在 0.15～0.3 MPa；无能量调节装置时，油压差控制在 0.075～0.1 MPa。（　　）

3. 氟利昂活塞式冷水机组曲轴箱的油温一般保持在 40～60℃，最高不超过 70℃，最低不低于 10℃。油位不得低于视油镜的 1/2。（　　）

三、选择题（将正确答案的代号填在括号内）

1. 全封闭活塞式制冷压缩机的总体结构中缺少（　　）装置。

A. 电动机　　B. 阀组　　C. 消音器　　D. 轴封

2. 油分离器应安装在（　　）之间。

A. 制冷压缩机与冷凝器　　B. 冷凝器与节流机构

C. 节流机构与蒸发器　　D. 蒸发器与制冷压缩机

3. 氟利昂油分离器回油管和（　　）连接。

A. 油泵进口　　B. 油泵出口　　C. 曲轴箱　　D. 吸气口

四、简答题

简述活塞式冷水机组压缩机不启动的原因及排除方法。(至少列出三种原因)

第三节　离心式机组的运行管理

一、填空题（将正确答案填写在横线上）

1. 离心式冷水机组的开机根据停机的时间及机组所处的状态不同分为________和________。

2. 特灵 CVHE 型三级压缩式冷水机组（R123）正常运行时，蒸发压力的正常范围是______________，冷凝压力的正常范围是__________，油箱温度的范围是__________。

3. 离心式制冷压缩机制冷量调节的方法主要有__________、____________、__________等。

二、判断题（正确的打“√”，错误的打“×”）

1. 离心式制冷机组的能量调节可以靠改变吸入口导流叶片角度实现的。（　　）

2. 离心式压缩机变频调节可使压缩机在低负荷运行时效率提高。（　　）

3. 当蒸发器的出水温度低于冷冻水设定温度时，机组可自动停机，冷冻水系统也自动停止运行。（　　）

三、选择题（将正确答案的代号填在括号内）

1. 离心式制冷机组运行时，若油温过低，润滑油中溶解 R11，对润滑不利，这时应调节（　　），以提高油温。

A. 油冷却降温的进水阀门，减少冷却水量

B. 制冷剂流量

C. 油冷却降温的进水阀门，增加冷却水量

D. 油泵的压力

2. 离心式制冷机组正常运行时，油箱油温一般保持在（　　）℃范围内。

A. 45～95　　B. 37～40　　C. 40～60　　D. 65～80

3. 离心式制冷机组（制冷剂为 R22）运行时，油过滤器堵塞，将出现（　　）的现象。

A. 蒸发压力过高　　B. 油压过低　　C. 油压过高　　D. 冷却水温过高

4. 离心式冷水机组的主电动机温度升高到上限值，主电动机温度控制器将（　　）。

A. 使电动机提高转速　　B. 使电动机降低转速

C. 使机组停机　　D. 接通冷却系统

5. 离心式冷水机组的冷却水温度过高，水流量太小，可引起（　　）。

A. 机组功耗增大，导致喘振　　B. 冷凝温度降低，机组停机

C. 蒸发温度降低，机组停机　　D. 冷凝压力降低，机组停机

6. 离心式机组系统中的水分是靠（　　）去除的。

A. 制冷压缩机　　B. 抽气排放　　C. 冷冻油吸收　　D. 干燥器吸收

7. 空调用离心式冷水机组中的抽气回收装置一般有（　　）形式。

A. 一种　　B. 两种　　C. 三种　　D. 四种

8. 在离心式制冷机组中，由于节流阀开度太小，引起制冷压缩机喘振时应（　　）。

A. 加大冷却水量　　B. 减小冷却水量　　C. 停机　　D. 进行反喘振调节

四、简答题

简述离心式冷水机组调节制冷量的方法及对应的原理。

第四节　螺杆式机组的运行管理

一、填空题（将正确答案填写在横线上）

1. 开利 30HXC 型双螺杆冷水机组正常运行时蒸发压力的正常范围是____________，冷凝压力的正常范围是______________。

2. 螺杆式冷水机组的运行调节主要指的是螺杆式制冷压缩机__________，其常用的方法主要有____________、_____________、______________、________________、______________等。

3. 螺杆式冷水机组维护保养的内容主要包括______________和______________。

二、判断题（正确的打“√”，错误的打“×”）

1. 螺杆式冷水机组高压保护的原因之一是通过冷凝器的冷却水量不足。（　　）
2. 螺杆式冷水机组排气压力过低的原因可能是制冷剂充注量过大。（　　）
3. 螺杆式制冷机组中冷凝器管束过脏会导致排气压力过高。（　　）
4. 螺杆式制冷机组长期停机后，不需要对油加热器进行预热就可以通电运行。（　　）

三、选择题（将正确答案的代号填在括号内）

1. 螺杆式制冷压缩机在运行中发现油温过高，采取提高油压的方法排除了故障，其主要原因可能是（　　）。

A. 内部泄漏　　B. 喷油量不足

C. 吸气阻力过大　　D. 油路不畅通

2. 在螺杆式冷水机组的运行中，压缩油泵的油封漏油，其主要原因是（　　）。

A. 油量过小　　B. 油量过大

C. 油路堵塞　　D. 磨损

3. 螺杆式冷水机组高压控制器调定值一般为（　　）MPa。

A. 1.8　　B. 2.3　　C. 1.6　　D. 1.2

4. 螺杆式冷水机组低压控制器的调定值在一般情况下为（　　）MPa。

A. 0.32　　B. 0.2　　C. 0.04　　D. 0.06

5. 螺杆式制冷压缩机的能量调节机构不动作，经过调节后故障排除，其主要原因可能是（　　）。

A. 油泵损坏　　B. 缺油　　C. 油压低　　D. 压缩比高

6. 螺杆式冷水机组冷水出水温度控制器控制温度应高于（　　）℃，避免机组在低负荷下运行，防止蒸发器冻裂。

A. 0　　B. −5　　C. 5　　D. 2

四、简答题

简述螺杆式冷水机组的运行与调节方法。

第五节　溴化锂吸收式机组的运行管理

一、填空题（将正确答案填写在横线上）

1. 溴化锂吸收式冷水机组的气密性检查一般是向系统内充注________的氮气，并保压________，确认各连接处无泄漏。

2. 溴化锂制冷机组正常运行时一般要求冷媒水的出口温度为________，冷却水的进口温度为________，高压发生器溴化锂溶液的浓度在________左右，低压发生器溴化锂溶液的浓度在________左右，溴化锂稀溶液的浓度在________左右。

二、判断题（正确的打“√”，错误的打“×”）

1. 溴化锂吸收式制冷机组启动时，先开泵，然后再缓慢打开加热蒸汽。（　　）

2. 溴化锂吸收式制冷机组停机时，先关上加热蒸汽溶液泵，15 min 后再停机。（　　）

3. 溴化锂吸收式制冷机组的加热温度低，冷却水温度高，会造成结晶。（　　）

4. 在溴化锂吸收式制冷机组系统中，不凝性气体的含量高会产生“结晶”现象。（　　）

5. 溴化锂吸收式制冷机组长期停机时，可将冷剂水与溶液充分混合。（　　）

6. 溴化锂吸收式制冷机组抽真空时，需经抽气装置实现分离，冷剂蒸汽不会被排除。（　　）

三、选择题（将正确答案的代号填在括号内）

1. 在溴化锂双效吸收式制冷循环中，考虑到金属材料的腐蚀，高压发生器出口温度不应高于（　　）℃。

A. 28～82　　B. 100～150　　C. 150～160　　D. 160～200

2. 溴化锂吸收式制冷机组用蒸汽量调节法调节制冷量，在（　　）下溶液的浓度随蒸汽量的减少而降低，有利于防止溴化锂溶液的结晶。

A. 低负荷工况　　B. 蒸发压力

C. 冷却水量减少情况　　D. 高负荷工况

3. 溴化锂吸收式制冷机组的制冷量调节，通常以（　　）为被调参数。

A. 蒸发压力　　B. 冷冻水出口温度

C. 冷却水出口温度　　D. 冷凝压力

4. 溴化锂吸收式制冷机组用冷凝水量调节法控制制冷量，是通过控制发生器的加热蒸汽（　　）上装调节阀实现的。

A. 进气管道　　B. 出口管道　　C. 进出之间管道　　D. 冷却水管道

5. 溴化锂吸收式制冷机组防冻结安全保护装置的防护对象是（　　）。

A. 制冷剂　　B. 冷却水　　C. 冷冻水　　D. 溴化锂溶液

6. 溴化锂吸收式制冷机组制冷剂的污染主要是指（　　）。

A. 冷剂水中混入溴化锂溶液　　B. 冷却水中混入溴化锂溶液

C. 冷冻水中混入溴化锂溶液　　D. 载冷剂中混入溴化锂溶液

7. 在溴化锂吸收式制冷机组中，国产 PN 型屏蔽泵的机壳温度一般应低于（　　）℃。

A. 100　　B. 90　　C. 60　　D. 200

8. 溴化锂吸收式制冷装置运行启动程序，当蒸发器液位达到给定值时，（　　）运行，其运行指示灯亮。

A. 发生器泵　　B. 吸收器泵　　C. 蒸发器泵　　D. 溶液泵

9. 溴化锂吸收式制冷装置停机前应做稀释运行，以防止（　　）。

A. 冷水冻结　　B. 冷剂水污染　　C. 结晶　　D. 压力升高

10. 溴化锂吸收式制冷机组在蒸发器冷水进口管道上装设温度控制继电器，可实现制冷机组的（　　）。

A. 自动停机　　B. 自动启动

C. 自动停机延时　　D. 自动停机和自动启动

11. 溴化锂吸收式制冷装置产生结晶的原因是（　　）。

A. 溶液的浓度或温度过高　　B. 冷凝压力和温度过低

C. 蒸发压力和温度过低　　D. 冷却水流量过大

12. 溴化锂吸收式制冷机组运行中存在不凝性气体，会使总压力不变情况下的制冷剂蒸汽（　　）。

A. 压力升高　　B. 压力降低　　C. 压力不变　　D. 压力不定

13. 溴化锂吸收式制冷机组在真空条件下工作，蒸发器和吸收器中的绝对压力只是大气压力的（　　）左右。

A. 100%　　B. 80%　　C. 20%　　D. 1%

14. 溴化锂吸收式制冷机组运行中存在不凝性气体，会导致（　　）明显减小。

A. 蒸发温度　　B. 冷凝压力　　C. 制冷量　　D. 蒸汽量

15. 溴化锂吸收式制冷机组短期停机时要注意（　　）的变化，防止溶液结晶。

A. 机内溴化锂质量　　B. 机外环境温度

C. 机内空气量　　D. 机内溶液量

16. 溴化锂吸收式制冷机组短期保养需要进行的操作是（　　）。

A. 充氮保护　　B. 将冷剂水旁通至吸收器

C. 将溶液抽出　　D. 只按正常停机即可

17. 溴化锂吸收式制冷机组停机时间不超过1～2个月的短期停机保养的主要任务是（　　）。

A. 保持机内的真空度，防止溶液结晶　　B. 防止冻结的溶液结晶

C. 防止污染和溶液结晶　　D. 防止结晶

18. 溴化锂吸收式制冷机组长期停机时需要（　　）。

A. 将冷剂水旁通至吸收器充分稀释　　B. 防止冻结和溶液结晶

C. 将吸收器与发生器溶液混合　　D. 保持真空度

19. 溴化锂吸收式制冷机组长期停机时，如果溶液颜色变红或变绿，应对溶液进行处理，然后重新测定溶液的（　　）并调整到9.0～10.5范围。

A. 浓度　　B. 密度　　C. pH　　D. 比热容

20. 溴化锂机组内加辛醇的目的是（　　）。

A. 防止腐蚀　　B. 提高换热效率和增加制冷量

C. 保持真空度　　D. 防止结晶

四、简答题

简述溴化锂吸收式制冷机组产生结晶的原因及处理的办法。

综合测试题一

一、填空题（将正确答案填写在横线上。每空1分，共20分）

1. 空气调节是对空气的______、______、________、洁净度等进行调节控制，创造和保持一定的空气环境。

2. 焓-湿图上除了水蒸气分压力线 P_v、热湿比线 ε 外，等参数线还有____________、________、________、______________。

3. 绝热加湿过程中采用对空气________来提高相对湿度，等温加湿过程中采用对空气直接____________的办法来提高空气的相对湿度。

4. 按空气处理设备的集中程度来分类，空调系统分为______________、________________、________________。

5. 在空气的各种热湿处理设备中，根据热、湿交换过程是否与空气接触，可将它们分为____________和________两类，喷水室属于前一种，空气加热器属于后一种。

6. 在气流组织形式中，送风方式可分为________、________、__________、________。

7. 离心式通风机主要由______、______、吸入口等组成。

二、选择题（将正确答案的代号填在括号内。每题2分，共20分）

1. 在一次回风空调系统内实现干式冷却过程是用高于（　　）的水处理系统或表冷器冷却空气。

   A. 干球温度　　B. 湿球温度　　C. 露点温度　　D. 0℃

2. 要查焓-湿图上确定的某个点的状态参数，必须先知道这点的（　　）。

   A. 任意两个独立的状态参数
   B. 任意两个独立的状态参数和当地的大气压力
   C. 任意三个独立的状态参数
   D. 一个独立的状态参数和当地的大气压力

3. 隔热材料应具备的性能是（　　）。

   A. 吸水性好　　B. 相对密度大　　C. 导热系数小　　D. 耐火性能一般

4. 医院手术室的空调系统应选用（　　）。

   A. 混合式系统　　B. 直流式系统　　C. 闭式系统　　D. 回风式系统

5. 中央空调的水系统中管路全部做了隔热处理的是（　　）系统。

   A. 冷冻水　　B. 冷却水　　C. 冷凝水　　D. 恒温水

6. 在双位控制系统中，受控参数变化呈（　　）。

   A. 增幅振荡　　B. 等幅振荡　　C. 减幅振荡　　D. 增减幅交替振荡

7. 空调系统中的新风在送风量中的占比不应低于（　　）。

A. 10%　　　　B. 15%　　　　C. 20%　　　　D. 30%

8. 制冷与空调设备上使用的靶式流量开关的控制规律是（　　）。

A. 积分控制　　　　B. 微分控制　　　　C. 比例控制　　　　D. 双位控制

9. 中央空调的回风管道是（　　）。

A. 低速风道　　　　B. 高速风道　　　　C. 中速风道　　　　D. 超高速风道

10. 在溴化锂制冷系统中，溴化锂是（　　）。

A. 吸收剂　　　　B. 扩散剂　　　　C. 制冷剂　　　　D. 载冷剂

三、作图题（每题 10 分，共 20 分）

1. 在一个标准大气压下，室内空气的温度为 20℃，含湿量为 10 $g/kg_{干空气}$，请在焓-湿图上作出该状态下的湿球温度和露点温度。

2. 在焓-湿图上作出夏季二次回风系统的简单原理图，并写出它的处理过程。

四、简答题（每题 10 分，共 30 分）

1. 为什么冬季温度太低时必须先预热新风？

2. 简述表面式换热器处理空气的三种基本过程，并分析过程中 t、d、h、φ 的变化。

3. 什么是一次回风？什么是二次回风？

五、计算题（共 10 分）

某综合楼内有各类房间，其中餐厅面积为 1 000 m^2，门厅面积为 100 m^2，商场面积为 500 m^2，舞厅、音乐厅面积为 500 m^2，办公室面积为 1 600 m^2，会议室面积为 400 m^2，客房面积为 4 000 m^2，走廊面积为 500 m^2。试估算该综合楼中央空调的总负荷。

综合测试题二

一、填空题（将正确答案填写在横线上。每空1分，共20分）

1. 湿度的三种表达方式分别是__________、__________、__________。

2. 风机盘管一般采用的材料为__________，用__________作为其肋片。

3. 膨胀水箱的作用是______________________。

4. 中央空调工程中采用的冷却塔形式有_____________和_____________两大类。

5. 空调系统控制部分主要是指控制室内_______和_______的测量元件、调节器、执行机构和调节机构等。

6. 离心式压缩机主要由_________、_________、_________、_________等组成。

7. 根据国家标准规定，冷水机组的名义工况是：冷冻水出水温度为_____，冷却水进水温度为_____，冷冻水进水温度为_____，冷却水出水温度为_____。

8. 根据控制作用和调节特性不同，调节器分为__________、比例调节器、____________、比例积分调节器、比例微分调节器、比例积分微分调节器。

二、选择题（将正确答案的代号填在括号内。每题2分，共20分）

1. 制冷压缩机实现能量调节的方法是（　　）。

A. 顶开吸气阀片　　B. 顶开高压阀片Z

C. 停止油泵运转　　D. 关小排气截止阀

2. 压缩机中的冷冻油必须适应制冷系统的特殊要求，能够（　　）。

A. 耐高温而不凝固　　B. 耐高温而不汽化

C. 耐低温而不汽化　　D. 耐低温而不凝固

3. 蒸汽压力式温控器的感温包内制冷剂泄漏，其触点处于（　　）。

A. 断开位置　　B. 导通位置

C. 原来位置不变　　D. 断开与导通位置不变

4. 电子膨胀阀按驱动方式不同分为电磁式和（　　）两大类。

A. 机械式　　B. 气动式　　C. 电动式　　D. 液动式

5. 在采用浮球调节阀控制液位的自动控制系统中，杠杆机构是（　　）。

A. 控制器　　B. 发信器　　C. 执行器　　D. 受控对象

6. 在一次回风式空调系统内，实现等湿升温过程的部件是（　　）。

A. 喷雾室　　B. 加热器　　C. 加湿器　　D. 过滤器

7. 卧式壳管式冷凝器冷却水的进出水温差（　　）。

A. 一般控制在1～2℃范围内　　B. 一般控制在2～3℃范围内

C. 一般控制在4～6℃范围内　　D. 一般控制在7～10℃范围内

8. 电子式温控器采用热敏电阻作为感温元件，可分为（　　）两大类。

A. NTC 和 PTC　　B. ODP 和 NTC　　C. ETC 和 PTC　　D. GWP 和 NTC

9. 螺杆式压缩机工作过程的特点是（　　）。

A. 工作转速低，运转平稳　　B. 工作转速高，运转振动大

C. 工作过程连续，无脉冲现象　　D. 存在余隙容积，容积效率较低

10. 离心式压缩机的可调导流叶片使气流（　　）。

A. 改变温度　　B. 改变流量　　C. 减小压力　　D. 增大压力

三、作图题（每题 10 分，共 20 分）

1. 已知空调系统新风量 $G_1=2\times10^4$ kg/h，$t_1=40$℃，$\varphi_1=80\%$；回风量 $G_2=4\times10^3$ kg/h，$t_2=25$℃，$\varphi_2=60\%$，求新风、回风混合后的空气状态参数 t_3、h_3、d_3（在图上表示）。

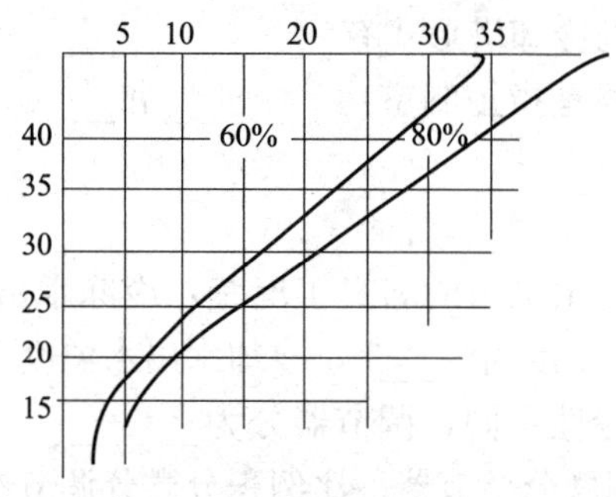

2. 画出气流组织形式侧面送风中单侧上送下回和双侧上送下回的设备安装位置与空气流动方向的简图。

四、简答题（每题 10 分，共 30 分）

1. 空气的干球温度、湿球温度和露点温度有什么区别？三者之间的关系如何？

2. 如何判断压缩式冷水机组运行是否正常？

3. 要使冷水机组启动后能正常运行，必须具备哪两个条件？由此决定了制冷系统各设备的开机顺序及停机顺序应是怎样的？

五、论述题（共 10 分）

夏季冷水机组运转不停，但房间温度始终高达 30℃降不下来，试分析故障原因。

综合测试题三

一、填空题（将正确答案填写在横线上。每空1分，共20分）

1. 水泵的维护保养重点是__________、______________和___________。

2. 空气处理设备是完成对空气进行______、______以及______等处理所用设备的组合。

3. 常用冷水机组有_________制冷机组、_________制冷机组、_________制冷机组和___________制冷机组。

4. 二次回风的主要作用是使_______和湿度不致太大，并且可以节省_________或热量。

5. 空气除湿的方法有__________________、吸附、________。

6. 氯化锂除湿机主要由________、________和________三部分组成。除湿系统由______________、___________、______和空气过滤器等组成。

二、选择题（将正确答案的代号填在括号内。每题2分，共20分）

1. 水冷冷凝器的冷却水进出方式为（　　）。

   A. 上进下出　　B. 上进上出　　C. 下进下出　　D. 下进上出

2. 制冷剂在冷凝器进口是（　　）状态。

   A. 过冷　　B. 过热　　C. 饱和　　D. 未饱和

3. 制冷系统试运转时，应检查润滑油温度，一般不超过70℃，也不低于（　　）℃。

   A. 5　　B. 10　　C. 15　　D. 20

4. 离心式压缩机发生喘振及产生强烈而有节奏的噪声和嗡鸣声的原因是（　　）。

   A. 机组基础防振措施失效　　B. 密封齿与转子件碰擦

   C. 压缩机与主电动机轴承孔不同心　　D. 导叶开度过小

5. 对于单机制冷量大于1 163 W的大型空调系统，宜采用（　　）冷水机组。

   A. 离心式　　B. 螺杆式　　C. 涡旋式　　D. 活塞式

6. 溴化锂吸收式制冷机组冷却水系统冷却水进口温度一般不允许低于（　　）℃。

   A. 0　　B. 5　　C. 20　　D. 40

7. 溴化锂吸收式制冷装置通过（　　）可以保持冷水出口温度恒定不变。

   A. 蒸发温度调节　　B. 冷凝温度调节

   C. 冷却水温度调节　　D. 制冷量调节

8. 溴化锂水溶液是一种无色无毒的液体，常温下的饱和溶液质量浓度约为（　　）。

   A. 20％　　B. 60％　　C. 80％　　D. 100％

9. 溴化锂吸收式冷水机组冷水出口温度与制冷量的关系是（　　）。

   A. 制冷量随冷水出口温度降低而增大

   B. 制冷量随冷水出口温度降低而减小

C. 制冷量随冷水出口温度升高而减小

D. 制冷量与冷水出口温度无关

10. 溴化锂吸收式制冷机组自动抽气装置排气时，首先关闭回流阀，依靠（　　）将不凝性气体压缩，当不凝性气体压力升高到超过大气压时，打开放气阀，将不凝性气体排出机组外。

A. 蒸发压力　　B. 冷凝压力　　C. 溶液泵的压力　　D. 吸气压力

三、判断题（正确的打“√”，错误的打“×”。每题 2 分，共 20 分）

1. 风机铭牌上所标的性能参数是指在最高效率时的参数，但风机工作时不一定都在最高效率点运行。（　　）

2. 组合式空气调节机组的噪声源主要来自喷水室。（　　）

3. 相对单风机系统而言，双风机系统的噪声要大一些。（　　）

4. 水泵是中央空调及采暖系统的主要动力设备之一。（　　）

5. 确定分水器和集水器管径的原则是，使水量通过集管时的流速大致控制在 1 m/s 左右。（　　）

6. 干式蒸发器的缺点是无法解决回油问题。（　　）

7. 热力膨胀阀感温包内制冷剂泄漏，阀口处于打开状态。（　　）

8. 中央空调的冷却水系统进水、出水温差一般取 7～10℃。（　　）

9. 风管的阀门属于通风系统的配件。（　　）

10. 通风系统防火阀平时打开，发生火灾时关闭。（　　）

四、简答题（每题 10 分，共 40 分）

1. 请简要说明水泵启动后出水管不出水的故障原因及解决方法。

2. 简述压缩机热气旁通调节原理。

3. 简述离心式冷水机组防喘振的措施。

4. 简述冷水机组运行管理的主要内容。